机工汽车

中国新能源电池
回收利用产业发展报告

（2021）

中国工业节能与清洁生产协会
新能源电池回收利用专业委员会　编著

U0257249

DEVELOPMENT REPORT OF
CHINA NEW ENERGY BATTERY
RECYCLING INDUSTRY
（2021）

机械工业出版社
CHINA MACHINE PRESS

本报告坚持专业与通俗并重、定性与定量结合，以新能源汽车国家监测与动力蓄电池回收利用溯源综合管理平台数据、地方调研数据为依据，从新能源电池法规标准体系、政策体系、电池溯源、产业发展、区域协调、企业案例、国际趋势等多个角度，综合阐述了新能源电池回收利用产业现状、梯次利用及再生利用等发展概况，并总结了国外在政策管理机制的进展及成效，为我国政府有关部门、行业组织、企业等开展新能源电池回收利用工作提供重要参考依据。

图书在版编目（CIP）数据

中国新能源电池回收利用产业发展报告 . 2021/ 中国工业节能与清洁生产协会新能源电池回收利用专业委员会编著 . —北京：机械工业出版社，2022.1

ISBN 978-7-111-70049-4

Ⅰ . ①中…　Ⅱ . ①中…　Ⅲ . ①新能源 – 汽车 – 蓄电池 – 综合利用 – 产业发展 – 研究报告 – 中国 – 2021　Ⅳ . ① X734.2

中国版本图书馆 CIP 数据核字（2022）第 006761 号

机械工业出版社（北京市百万庄大街 22 号　邮政编码 100037）
策划编辑：何士娟　　　　　责任编辑：何士娟
责任校对：张亚楠　李　婷　责任印制：常天培
北京铭成印刷有限公司印刷
2022 年 2 月第 1 版第 1 次印刷
169mm×239mm · 11.75 印张 · 205 千字
0 001—2 300 册
标准书号：ISBN 978-7-111-70049-4
定价：168.00 元

电话服务　　　　　　网络服务
客服电话：010-88361066　机 工 官 网：www.cmpbook.com
　　　　　010-88379833　机 工 官 博：weibo.com/cmp1952
　　　　　010-68326294　金 书 网：www.golden-book.com
封底无防伪标均为盗版　机工教育服务网：www.cmpedu.com

中国工业节能与清洁生产协会新能源电池回收利用专业委员会（以下简称专委会）是经中国工业节能与清洁生产协会批准，由相关企业、高等院校、科研院所、社会团体等单位参加的全国性、跨行业、非营利组织。中国工业节能与清洁生产协会业务上接受工业和信息化部节能与综合利用司的指导，专委会在中国工业节能与清洁生产协会的领导下开展新能源电池回收利用相关工作，作为政府与企业的桥梁和纽带，为政府当好参谋，为行业搭好平台，为企业做好服务。主要业务范围包括：

根据国家相关产业政策和法律法规，引导、培育行业创新发展、公平竞争、服务市场的健康行为；受政府相关部门委托，研究提出行业发展规划、产业发展政策建议；提出产业准入规范的相关意见和建议等；组织和承担行业重大、重点问题的调查研究，提出推动新能源电池回收利用产业持续健康发展的政策措施建议；促进产学研联合，推动新能源电池全生命周期产业链发展；推动行业标准化体系建设，组织标准项目的制定、修订和实施；基于新能源汽车国家监测与动力蓄电池回收利用溯源综合管理平台，组织开展行业大数据的采集、统计、数据处理、分析等整理工作，建立向社会公开发布的制度，推动和促进新能源电池回收利用领域技术创新和产业化建设；组织和承担新能源电池回收利用领域的政策宣贯、展览展示、技术交流、人才交流、业务培训、科技成果鉴定与推广应用等活动；组织会员及相关单位围绕新能源电池回收利用领域，开展国际经济技术交流与合作等。

专委会坚持创新、协调、绿色、开放、共享发展理念，贯彻落实《中华人民共和国清洁生产促进法》等相关法律法规，为政府相关部门在发展战略、规划、政策等方面做好支撑，为行业企业的发展竭尽所能做好服务。协调组织产业开发关键共性技术，推动构建新能源电池回收利用产业链及体系，促进行业持续健康发展。

编 委 会

实现碳达峰、碳中和目标是党中央立足国际、国内两个大局做出的重大战略决策。践行"双碳"战略，坚定不移推进绿色循环经济发展，成为产业高质量发展的重要支撑，也成为中国资源安全战略的重要保障以及实现生态文明建设的重要途径。

新能源电池回收利用是新能源汽车产业可持续发展的重要保障。在工业和信息化部等部委的大力支持、各地方主管部门的有力推动和各相关企业的积极参与下，我国新能源电池回收利用在管理制度建设、标准体系构建、试点示范开展、规范企业认定等方面取得积极的成效。然而，新能源电池回收利用产业是一项新兴事物，也是一个不断完善的系统工程，在产业快速发展的同时，新能源电池回收利用产业也存在诸多问题。因此，由中国工业节能与清洁生产协会新能源电池回收利用专业委员会撰写的《中国新能源电池回收利用产业发展报告（2021）》，以新能源汽车国家监测与动力蓄电池回收利用溯源综合管理平台数据和地方调研数据为依据，从新能源电池回收利用法规标准体系、政策管理机制、电池溯源、产业发展、区域协调、企业案例、国际趋势多个角度，总结国内新能源电池回收利用政策管理机制进展及成效，综合阐述新能源电池回收利用产业现状、梯次利用及再生利用产业发展概况，为政府有关部门、行业组织、企业等开展新能源电池回收利用工作提供重要参考依据。

经过研究，本报告主要形成以下观点和认识：

一是放眼全球，对标体系。本报告通过总结欧洲、日本、韩国、美国在新能源电池回收利用领域的政策体系、产业发展情况、回收模式经验，对标国内在新能源电池回收利用管理机制以及回收模式等方面的经验，对后续产业发展提供相关经验。

二是立足国内，勾画全貌。本报告基于"双碳"目标背景下，提出绿色低碳产业发展的必要性和技术路径，针对新能源电池回收利用产业发展现状，对涉及产业各环节的政策管理体系、标准体系、技术创新、产业发展成效及问题进行了综合概述。

三是总结经验，效果导向。新能源电池回收利用产业链长，涉及回收、梯次利用、再生利用等多个环节，本报告通过总结我国重点区域、重点省份在新能源电池梯次利用、再生利用领域试点示范的政策方案、推广成果，总结新能源回收利用产业发展经验，为产业健康可持续发展提供有益参考。

四是问题导向，创新思路。本报告通过总结新能源电池回收利用产业发展在政策管理机制、产业技术经济性、回收网点规范性、梯次利用技术瓶颈等领域存在的问题，聚焦当前新能源电池回收利用关键环节，精准发力，提出有建设性的产业发展建议。

五是专业与通俗并重，定性与定量结合。本报告以新能源汽车国家监测与动力蓄电池回收利用溯源综合管理平台为依托，基于详实的行业数据和深入的研究分析，系统性、多视角地总结了我国新能源电池溯源信息管理发展现状，并着重分析基于区块链技术的新能源电池溯源管理现状及行业应用情况。

《中国新能源电池回收利用产业发展报告（2021）》的顺利出版离不开行业专家、合作伙伴的支持。在报告的编撰过程中，新能源汽车国家监测与动力蓄电池回收利用溯源综合管理平台、北京理工大学电动车辆国家工程实验室、安徽省新能源汽车动力蓄电池回收利用产业联盟、广东省新能源汽车动力蓄电池回收利用产业联盟、北京亿维新能源汽车大数据应用技术研究中心、中国汽车技术研究中心有限公司、中国商用飞机有限责任公司、中国北方车辆研究所、上汽通用五菱汽车股份有限公司、蓝谷智慧（北京）能源科技有限公司、宁波市北仑融电新能源有限公司、浙江华友钴业股份有限公司、赣州市豪鹏科技有限公司、格林美股份有限公司、广东邦普循环科技有限公司、广东光华科技股份有限公司、浙江天能新材料有限公司的管理者、专家和相关学者给予了很大支持和帮助，在此表示诚挚的谢意！本报告的出版凝聚了许多人的厚望、支持和付出，希望本报告的出版能够为我国新能源电池回收利用产业的发展起到积极的推动作用。

由于作者水平有限，报告中难免存在疏漏和不足，敬请各位专家、读者予以批评指正！

中国工业节能与清洁生产协会
新能源电池回收利用专业委员会

目 录

CONTENTS

前言

第3章

电池溯源

第4章

产业发展

第5章

区域协调

第6章

企业案例

第7章

国际趋势

附 录

第1章

随着碳达峰、碳中和目标的相继提出，我国对于绿色可持续发展越来越重视。新能源电池回收利用产业作为新能源汽车产业链健康可持续发展的重要一环，对于推进整个产业绿色低碳发展具有重要意义。伴随着新能源汽车产业快速发展，退役新能源电池的数量即将爆发式增长，而新能源电池回收利用产业链长，涉及回收拆解、梯次利用、再生利用等多个环节，如何依托各方力量，推动产业发展由规模速度型向质量效益型有序化转变成为重要命题。

1.1 "双碳"目标助力绿色低碳产业迎来新机遇

2020 年 9 月 22 日，习近平主席在第七十五届联合国大会一般性辩论上宣布："中国将提高国家自主贡献力度，采取更加有力的政策和措施，二氧化碳排放力争于 2030 年前达到峰值，努力争取 2060 年前实现碳中和。"这为我国应对气候变化、绿色低碳发展提供了方向指引，擘画了宏伟蓝图。

此后，中央经济工作会议、气候雄心峰会等具有重要影响力的会议纷纷提到碳达峰、碳中和等议题。2021 年全国"两会"期间，李克强总理在政府工作报告中指出扎实做好碳达峰、碳中和各项工作，制定 2030 年前碳排放达峰行动方案。自 2020 年 10 月以来，生态环境部密集发布碳排放相关政策（表 1-1）。目前，国家发展和改革委员会（简称国家发展改革委）、生态环境部、工业和信息化部（简称工信部）、交通运输部等部门都在各自职责范围内制定了碳达峰方案。

为推进碳减排、碳中和目标，国内外研究机构相继开展相关研究。2020 年 9 月，能源基金会联合马里兰大学发布研究报告[⊖]，提出中国可采取促进可持续能源消费、电力部门脱碳、终端部门电气化等五项策略来实现 2060 年碳中和目标（图 1-1）。其中，终端部门电气化涉及大力发展新能源汽车和充电桩新基建建设，而动力蓄电池回收利用作为发展新能源汽车的重要一环，将有助于资源的循环再生利用。

表 1-1　2020 年 10 月以来生态环境部碳排放相关政策清单

发布时间	政策文号	政策名称	主要内容
2020.10.21	环气候〔2020〕57 号	《关于促进应对气候变化投融资的指导意见》	明确气候投融资是绿色金融的重要组成部分，并分别从政策体系、标准体系等方面阐述下一阶段推进气候投融资的具体工作
2020.11.2	环办便函〔2020〕373 号	关于公开征求《全国碳排放权交易管理办法（试行）》（征求意见稿）和《全国碳排放权登记交易结算管理办法（试行）》（征求意见稿）意见的通知	《全国碳排放权交易管理办法（试行）》（征求意见稿）：规范全国碳排放权交易及相关活动；排放配额分配初期以免费分配为主，适时引入有偿分配；碳排放配额交易采取公开竞价、协议等交易方式
			《全国碳排放权登记交易结算管理办法（试行）》（征求意见稿）：规范全国碳排放权登记、交易、结算活动；通过注册登记结算系统实现全国碳排放权持有、转移、清缴履约和注销的登记、交易和清算交收

⊖ 资料来源：马里兰大学全球可持续发展中心，五项策略实现中国 2060 年碳中和目标（https://www.efchina.org/Reports-zh/report-lceg-20200929-zh）。

（续）

发布时间	政策文号	政策名称	主要内容
2020.11.20	环办便函〔2020〕416 号	关于公开征求《2019—2020年全国碳排放权交易配额总量设定与分配实施方案（发电行业）》（征求意见稿）及相关文件意见的通知	根据排放单位 2019—2020 年实际产出量、配额分配方法、碳排放基准值，核定配额数量，确定全国配额总量；2013—2018 年任一年排放达到 2.6 万 t 二氧化碳当量及以上的企业或组织筛选纳入 2019—2020 年配额管理重点排放单位名单
2020.12.30	国环规气候〔2020〕3 号	关于印发《2019—2020 年全国碳排放权交易配额总量设定与分配实施方案（发电行业）》《纳入 2019—2020 年全国碳排放权交易配额管理的重点排放单位名单》并做好发电行业配额预分配工作的通知	2019—2020 年全国碳市场纳入发电行业重点排放单位共计 2225 家
2021.1.5	生态环境部令第 19 号	《碳排放权交易管理办法（试行）》	将建设全国碳排放权交易市场，详细规定碳排放交易中配额分配及交易内容；明确可再生能源属于 CCER（国家核证自愿减排量），可对其"温室气体减排效果进行量化核证"后，用于重点排放单位"抵销碳排放配额的清缴"
2021.1.11	环综合〔2021〕4 号	《关于统筹和加强应对气候变化与生态环境保护相关工作的指导意见》	围绕落实二氧化碳排放达峰目标与碳中和愿景，抓紧制定 2030 年前二氧化碳排放达峰行动方案，支持和推动地方、重点行业和领域制定实施达峰方案，加快推进全国碳排放权交易市场建设。推动将应对气候变化相关工作存在的突出问题、碳达峰目标任务落实情况等纳入生态环境保护督察范畴

资料来源：生态环境部官网。

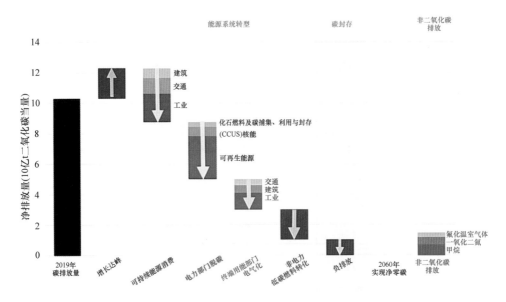

图 1-1　五项策略实现中国 2060 年碳中和目标

在电力部门脱碳方面，2021 年 3 月 1 日，国家电网发布"碳达峰、碳中和"行动方案。该方案提出加快构建清洁低碳、安全高效能源体系，持续推进碳减排，明确推动能源电力转型主要实践、研究路径以及行动方案。在能源供给侧，将构建多元化清洁能源供应体系，大力发展清洁能源，推广应用大规模储能装置，加快光热发电技术推广应用，推动氢能利用、碳捕集、利用和封存等技术研发。预计到 2025 年和 2030 年，非化石能源占一次能源消费比例将分别达到 20% 和 25% 左右。在能源消费侧，将全面推进电气化和节能提效，积极拓展用能诊断、能效提升、多能供应等综合能源服务。强化能耗双控，把节能指标纳入生态文明、绿色发展等绩效评价体系，重点控制化石能源消费。加快冶金、化工等高耗能行业用能转型，加快工业、建筑、交通等重点行业电能替代。预计 2025 年和 2030 年，电能占终端能源消费比例将分别达到 30% 和 35%以上。

2021 年 1 月，北京理工大学能源与环境政策研究中心发布《全球气候治理策略及中国碳中和路径展望》，指出能源系统加速低碳转型是我国实现 2060 年碳中和目标的关键。报告提到实现碳中和目标的路径存在极大的不确定性，取决于后疫情时代的经济发展水平、能源系统的低碳转型力度、碳捕集与封存技术的部署规模以及森林碳汇可用量等多个方面。2060 年剩余二氧化碳排放主要来自于电力、钢铁、化工、交通等部门。交通部门应发展电动客 / 货车、氢燃料电池车、生物燃料飞机和船舶等先进技术。中国目前积极推行全国统一碳市场，建议引入市场拍卖机制，运用碳交易、碳税、补贴等有效策略，引导全球构建统一碳减排市场机制，完善实施细则。

落实"双碳"目标，深入贯彻产业绿色发展理念，加快能源结构转型发展已成为必然趋势。根据全球能源互联网合作组织相关数据显示，2019 年我国全社会碳排放约 105 亿 t，其中能源活动碳排放约 98 亿 t，占全社会碳排放的 87%。因此，我国实现"双碳"目标挑战巨大，新能源汽车全产业链环节的资源循环利用和可持续发展尤为重要。做好新能源电池回收利用工作，加快推进绿色循环产业发展，对于在全球范围内抢占绿色产品制高点，推进能源生产和消费革命，构建清洁、低碳、高效、安全的能源体系，具有重要的战略意义。

1.2 新能源汽车及电池产业迎来快速发展

1. 汽车产业电动化加速渗透

全球新能源汽车产业的快速发展逐渐形成中国、欧洲以及美国三大主流市场。经过十多年的产业培育和发展，中国新能源汽车产业走在世界汽车电动化改革的前沿。2020 年，全球新能源汽车市场销量达到 328 万辆，中国新能源汽车市场销量占比为 41.7%。

2020 年，我国新能源汽车产业发展好于预期。2019 年，受汽车产业周期性波动、补贴退坡、传统汽车促销等因素影响，新能源汽车市场首次出现下滑，发展不及预期。2020 年上半年，新能源汽车市场受疫情影响表现不佳，但下半年市场呈现强劲增长态势，全年新能源汽车销量 136.7 万辆，同比增长 10.9%，新能源汽车市场渗透率为 5.1%，汽车电动化明显提速（图 1-2）。

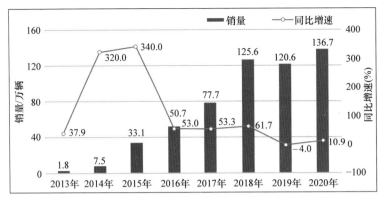

图1-2　我国新能源汽车历年销量情况

数据来源：中国汽车工业协会。

2. 动力蓄电池产业规模稳步增长

伴随着新能源汽车保有量快速增长，我国动力蓄电池产业规模也呈现快速发展趋势（图1-3）。2020年，动力蓄电池装机量达63.6GW·h，同比增长2.3%。从不同类型电池装机量变化情况来看，2018年以来，三元材料电池占市场主导。2020年，磷酸铁锂电池装机量相较于2019年同比增长17.3%，市场规模快速增长。

图1-3　我国动力蓄电池历年装机量情况

数据来源：中国汽车动力蓄电池产业创新联盟。

得益于中国新能源汽车市场快速增长，自主品牌动力蓄电池企业装机量表现突出（图 1-4）。2020 年国内前十动力蓄电池企业装机量排行中，中国企业占据 7 家，装机量规模为 51.2GW·h，市场份额达到 80.5%。以宁德时代、比亚迪为主的自主龙头企业在国际新能源汽车产业链中已形成较强的竞争力。2020 年，宁德时代国内动力装机量达到 31.8GW·h，较 2019 年增量为 0.3GW·h，市场份额达到 50.0%；其次是比亚迪，2020 年国内动力蓄电池装机量 9.5GW·h，市场份额为 14.9%。

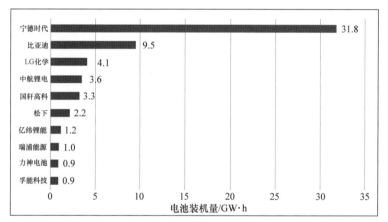

图 1-4　2020 年国内前十动力蓄电池企业装机量排行

数据来源：中国汽车动力蓄电池产业创新联盟。

从动力蓄电池装机类型来看，三元电池仍是动力蓄电池市场主体，磷酸铁锂电池呈现回归趋势（图 1-5）。从动力蓄电池历年装机量来看，自 2018 年以来，三元电池一直作为市场主流电池类型，配套车辆占比超过 50%。伴随着新能源汽车财政补贴政策调整以及磷酸铁锂动力蓄电池技术取得显著突破，磷酸铁锂电池在新能源乘用车上的配套应用呈现上升趋势。2020 年，磷酸铁锂电池装机量占比为 38.4%，相较 2019 年 33.4% 提高 5.0 个百分点。随着新能源汽车市场化的深入推进，磷酸铁锂电池以其"经济性高""能量密度够用"等特点受到市场的关注，预计未来一段时间，磷酸铁锂电池的市场份额将会继续提升。

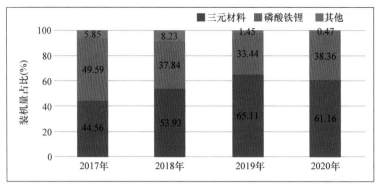

图 1-5　我国新能源汽车不同类型电池材料装机量占比情况

数据来源：中国汽车动力蓄电池产业创新联盟。

3. 动力蓄电池质量能量密度持续提升

从动力蓄电池单体质量能量密度变化情况来看（图 1-6），2012—2020 年，我国磷酸铁锂动力蓄电池单体质量能量密度从 115W·h/kg 提升至 190W·h/kg，单体质量能量密度提升了 65.2%。2020 年，磷酸铁锂电池单体质量能量密度行业水平介于 160~190W·h/kg。磷酸铁锂电池循环寿命从 1000 次提高至 4000 次左右。三元电池单体质量能量密度从 2015 年的 165W·h/kg 提升至 2020 年的 250W·h/kg，单体质量能量密度提升了 51.52%。2020 年，三元材料动力蓄电池单体质量能量密度介于 240~290W·h/kg，目前行业开发的高比能软包三元材料电池的单体质量能量密度达到了 304W·h/kg，并实现了小批量装车配套。三元材料电池循环寿命普遍达到 2000 次左右。

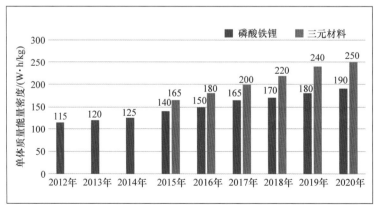

图 1-6　2012—2020 年中国动力蓄电池单体质量能量密度

数据来源：中国汽车工程学会。

从动力蓄电池系统质量能量密度变化情况来看（图 1-7），2012—2020年，磷酸铁锂电池系统质量能量密度从 70W·h/kg 提升至 142W·h/kg，系统质量能量密度提升了 102.9%。2020 年，磷酸铁锂动力蓄电池系统质量能量密度行业水平介于 120~140W·h/kg。磷酸铁锂电池循环寿命从 1000 次提升至 3000 次。2015—2020 年，三元材料动力蓄电池系统质量能量密度从110W·h/kg 提升至 160W·h/kg，系统质量能量密度提升了 45.5%。2020 年，三元材料动力蓄电池系统质量能量密度行业水平介于 140~180W·h/kg。三元材料动力蓄电池循环寿命从几百次提升至 1200 次。

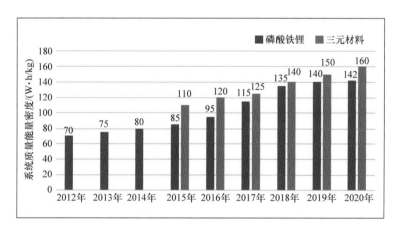

图 1-7　2012—2020 年中国动力蓄电池系统质量能量密度
数据来源：中国汽车工程学会。

4. 动力蓄电池价格持续下降

从动力蓄电池价格变化情况来看（图 1-8），2009 年以来，我国动力蓄电池单体和系统价格均呈现倍数级下降。2009—2020 年，电池单体价格从4900 元 /kW·h 下降至 800 元 /kW·h，电池系统价格从 8000 元 /kW·h 下降至 1100 元 /kW·h。

图 1-8　2009—2020 年中国动力蓄电池价格变化情况
数据来源：中国汽车动力蓄电池产业创新联盟。

1.3　新能源汽车产业快速发展带动电池回收利用产业提速

伴随着我国新能源电池开始进入批量化退役阶段，在国家的大力支持下，我国新能源电池回收利用产业加速发展。

1. 电池退役回收体系初具规模

截至 2020 年年底，工业和信息化部通过门户网站"公共服务平台"专栏已公示十批动力蓄电池回收服务网点的信息，共计有 160 余家新能源汽车生产企业和梯次利用企业累计报送 13000 余条网点信息，在全国设立了 9000 余个回收服务网点，主要集中在京津冀、长三角、珠三角及中部新能源汽车保有量较高的地区。

2. 梯次利用产业发展正在提速

随着动力蓄电池退役量逐步上升，从事梯次利用的企业数量不断增加。大量企业开展探索实践，并率先在通信基站备电、电力储能、低速车领域实现商业化应用。根据行业调研结果显示，我国有产能的梯次利用企业超过 40 家，已建产能超过 24 万 t/ 年（约 27GW·h/ 年）；在市场前景和利益的驱动下，梯次利用产业投资规模仍在扩大。

3. 废旧动力蓄电池再生利用已具备一定的产业化规模

截至 2020 年底，我国有产能的再生利用企业有 20 余家，已建产能约 69 万 t/ 年，产业规模仍在扩大，已知企业的规划产能超 40 万 t/ 年。由于部分地区的环保和产业规划等限制，这些企业主要集中在湖南、浙江、广东、湖北、江西等省份。

1.4 新能源电池回收利用重点工作成效显著

我国政府高度重视新能源电池回收利用产业。在国家有关部门的指导下，各级地方政府、动力蓄电池生产企业、新能源汽车生产企业以及第三方回收利用企业都在纷纷布局新能源电池回收利用产业。

1. 国家层面，基于新能源电池回收利用的政策、标准及法规体系加速完善

（1）法规及标准体系方面，新能源电池回收利用立法提上日程

2020 年 11 月 2 日，国务院办公厅印发《新能源汽车产业发展规划（2021—2035 年）》，提出加快推动动力蓄电池回收利用立法，完善动力蓄电池回收、梯次利用和再资源化的循环利用体系，鼓励共建共用回收渠道；在新能源电池回收利用标准制定领域，国家标准方面，车用动力蓄电池回收利用相关标准已经作为工业和信息化部的重点工作稳步推进。截至 2020 年底，国家标准化管理委员会已发布 5 项车用电池回收利用的国家标准。在行业或地方标准方面，已有行业机构组织企业制定电池梯次利用领域的相关标准，未来相关细分领域的电池回收利用标准会持续扩充完善。

（2）政策体系方面，基于新能源电池回收利用的政策要求逐步趋紧，行业门槛逐步显现

2018 年以来，工业和信息化部联合有关部门相继颁发了《新能源汽车动力蓄电池回收利用管理暂行办法》《新能源汽车动力蓄电池回收利用溯源管理暂行规定》等一系列管理办法，对加强新能源汽车动力蓄电池回收利用、梯次使

用、溯源管理发展，规范行业发展，保障梯次利用电池产品的质量，推进资源综合利用都具有重要指导作用。

（3）行业规范及引导方面，规范企业认定工作有序开展

依据《新能源汽车废旧动力蓄电池综合利用行业规范条件》，工业和信息化部分别于 2018 年 9 月 3 日和 2021 年 1 月 21 日公布《新能源汽车废旧动力蓄电池综合利用行业规范条件》第一批和第二批企业名单。

《新能源汽车废旧动力蓄电池综合利用行业规范条件》企业名单的公布，将有助于加强废旧动力蓄电池产业的规范化循环利用。2020 年 10 月 10 日，工业和信息化部发布《新能源汽车动力蓄电池梯次利用管理办法（征求意见稿）》，分别对梯次利用企业和产品、回收利用方面提出要求。从政策发展趋势上来看，对回收企业的各项要求正在补充完善，对产业链上各环节企业的相关责任要求逐渐清晰，政策落地速度逐渐加快。

2. 地方层面，试点地区加快建立跨区域回收体系，采取措施推动"落地生根"

试点示范方面，积极推进先行先试，探索可持续发展模式。2018 年，工业和信息化部会同科技部、生态环境部、交通运输部、商务部、市场监管总局、能源局发布了《新能源汽车动力蓄电池回收利用试点实施方案》及《关于做好新能源汽车动力蓄电池回收利用试点工作的通知》，确定在京津冀、上海等 17 个地区，以及中国铁塔公司 1 家中央企业开展试点。通过先行先试，培育动力蓄电池回收利用标杆企业，促进关键技术研发推广，探索技术经济性强、资源环境友好的多元化回收利用模式。

在试点先行、规范化与激励的政策下，各大试点城市纷纷根据本地新能源汽车和动力蓄电池发展现状，补充推出相关地方性政策，推动新能源汽车动力蓄电池的回收规范化。目前与全国政策相比，各地方制定的方案更为细致。截至 2020 年，河南、四川、宁波、厦门等 10 个试点地区发布了回收利用试点实施方案。

不同试点地区具体试点应用情况各具特色。

1）京津冀地区，汽车、电池及综合利用企业探索协调合作，建立回收联盟，共建共用回收网络。

2）长三角地区，以上海带动地区周边企业，统一标准建设回收服务网点，实现区域协作；浙江省注重回收网络及梯次利用环节，主要依托电池及储能企业，承担电池梯次利用工作。

3）珠三角地区，广东明确试点相关企业的责任要求；深圳按照"互联网＋监管"的思路，构建动力蓄电池信息管理体系，完善动力蓄电池回收押金机制。

4）中部地区，由区域内骨干汽车、电池生产及综合利用企业合作，依托本地区产业基础优势建立区域化的回收处理中心。

新能源电池再生利用方面，京津冀、浙江、安徽、江西、河南、湖南、四川、贵州、甘肃等 14 个地区加强产业布局，推进再生利用相关项目建设，主要以新能源汽车、电池生产、再生利用等企业为主参与再生利用项目建设。

电池溯源管理方面，广东、上海、江苏、广西、云南、安徽 6 个试点地区启动地方管理平台建设，完善地区溯源体系，加强地方溯源履责监管。其中，"江苏新能源汽车动力蓄电池回收利用项目运营监测平台"已接入江苏电网、江苏铁塔等企业并开始试运行。总体来看，试点带动作用持续增强。

3. 企业层面，典型企业试点带动效应逐渐增强，新能源汽车电池回收利用逐渐向体系化、产业化、市场化方向发展

新能源电池回收利用体系建设方面，比亚迪、格林美等企业大力推进跨区域协作机制，推进全国范围内回收利用产业布局。2019 年 8 月，铁塔能源公司编制并下发了《退役动力蓄电池回收业务发展指导意见（试行）》，对回收流程、权责界定、政策法规等进行了详细阐述，并制定了回收定价、仓储物流、检测、加工等四个规范，涵盖了回收体系全业务流程。同年 9 月，《退役电池回收系列规范》发布，包括回收检测规范、运输及仓储规范、回收定价规范、再加工规范。截至 2020 年底，铁塔公司在全国 43 万个通信基站累计使用梯次电池约 5.4GW·h，并在储能、低速车换电等新领域与 40 余家企业展开合作，使用梯次电池约 2.1GW·h。

梯次利用方面，中国铁塔积极探索退役动力蓄电池的梯次利用领域，推进相关示范项目建设及梯次产品市场化应用。杭州模储公司与中国铁塔等合作验证了异构兼容储能控制系统应用在梯次电池储能领域的可行性。国网江苏综合能源公司开展用梯次利用电池替代配电电网中铅酸蓄电池备电设备的测试。

再生利用方面，一方面，新能源电池再生利用技术装备创新及产业化快速发展。浙江华友钴业已建立了年处理能力为 1 万 t 的动力蓄电池包 / 模组无害化柔性自动化拆解及梯次分选生产线，并且建成年处理能力 6.5 万 t 的无害化拆解、冶炼的资源化利用生产线并投产；北汽鹏龙联合北汽新能源、湖北格林美等企业在河北省黄骅市建设动力蓄电池梯次利用及资源化项目。中能循环、国轩高科、赣州豪鹏等项目正在建设；北京匠芯、湖南鸿捷、金川科技园等项目已完成前期准备，即将正式建设。另一方面，各地区再生利用企业加快升级传统湿法工艺技术，加强金属高效提取、环保处置技术创新。安徽南都华铂优化热解和焙烧工艺，将退役电池的活性粉末与铝箔、铜箔分离率提升至 98% 以上，已完成中试；安徽合巢产业新城公司研发了萃取提锂、高钠废水处理、钴镍萃取等新工艺；兰州理工大学围绕"冶金 – 材料 – 环境"一体化研发方向，开发了可优先提取锂元素的"火法 – 湿法"联合回收利用技术，已完成试验验证；江苏泓远自主研发的等离子拆解法技术，实现电池材料整体回收率达98.5%；吉利、国轩高科等新能源汽车及电池生产企业积极参与再生利用项目建设，落实生产者主体责任。

4. 溯源管理方面，动力蓄电池溯源信息收录取得显著成效

在《新能源汽车动力蓄电池回收利用管理暂行办法》的指导下，工业和信息化部于 2018 年初委托北京理工大学牵头启动了"新能源汽车国家监测与动力蓄电池回收利用溯源综合管理平台（简称"国家溯源平台"）"的建设，并于同年 8 月 1 日正式上线。自国家溯源平台正式上线以来，截至 2020 年 12 月底，国家溯源平台在动力蓄电池溯源信息收录方面取得显著成效，注册企业数量达到 441 家，上传数据的企业共计 297 家。企业类型以新能源汽车生产企业为主，共分布于 27 个省份，累计接入动力蓄电池装机量 275.6GW·h。

回收利用环节溯源管理方面，截至 2020 年 12 月 31 日，全国共有 310 余家报废机动车回收拆解企业、60 余家梯次利用企业和 60 余家再生利用企业接入国家溯源平台，与汽车生产企业实现平台信息贯通。

基于区块链技术的新能源电池溯源管理工作稳步推进。传统溯源管理模式是针对企业收集并上报的信息进行中心化管理，由于信息不对称存在壁垒、企业上报信息的准确性和时效性难以保证，致使新能源电池溯源管理过程存在数据收集及上报压力大、企业数据管理工作难度大、信息安全管控难度大等问题。国家溯源平台在建立电池溯源区块链平台之后，能够给车企、电池企业、后端的电池回收利用企业带来诸多便利，提高数据管理效率，解决信息安全与企业互信问题。电池生产企业、汽车生产企业、售后服务企业、回收企业、再生利用企业等各环节企业只需将信息通过各自节点上报，并在链上进行电池信息匹配即可，打破了电池溯源各环节主体企业间的体系壁垒，使得各责任主体以较低的成本完成数据的互联互通，有助于完善现有电池溯源管理系统，为管理体系带来巨大变革。

1.5　新能源电池回收利用当前面临的问题

新能源电池回收利用是一项新兴事物，也是一个不断完善的系统工程。在新能源电池回收利用产业快速发展的同时，新能源电池回收利用产业发展还存在诸多问题，例如，法律法规的约束性问题、梯次利用的技术瓶颈问题、产业发展的技术经济性问题、回收利用商业模式的创新等问题。

1. 法律法规层面，新能源电池制度约束力不足，主体责任难落实

我国目前已出台多项与新能源电池相关的管理规定，但在新能源电池回收利用领域还缺乏更有针对性、具体的法律法规。截至目前，欧洲、美国、日本等汽车工业发达地区均在电池回收利用方面出台了严格的环境立法，要求生产者履行回收利用责任，并采取激励措施促使消费者参与回收，形成了较完善的回收利用体系。如欧盟于 2020 年 12 月 10 日颁布了新《电池法》，要求生产者需要建立回收体系、合理规划回收网点，为收集点提供基础设施，支付回收过程中产生的费用，并提供整个回收过程中的电池溯源等信息，还提出了供应链尽职调查义务方面的要求，加强了现有生产者延伸责任的约束力。相较而言，

我国基于新能源汽车动力蓄电池回收利用的专门立法正在制定中。根据 2020 年 11 月 2 日国务院办公厅印发的《新能源汽车产业发展规划（2021—2035 年）》，下一步将加快推动动力蓄电池回收利用立法。

2. 体系建设层面，新能源电池回收利用体系尚未形成完整矩阵

我国新能源电池产业规模呈现快速发展趋势，但正规渠道的回收成本和处理成本高，经济效益较低，部分退役动力蓄电池通过非正规渠道流入非正规的市场，急需建设健康高效的动力蓄电池回收体系。"加快建设动力电池回收利用体系"已被列入 2021 年政府工作报告。新能源电池回收利用监管力度也有待加强，急需配套政策促进回收体系闭环管理。

伴随新能源汽车产业的快速发展，预计未来几年新能源电池退役量将达到一个新的高峰期，而当前行业内尚未有系统、权威的退役电池统计出口，下一步应尽快明确统计口径，做好退役电池的数据收集、统计与分析，为政府部门制定政策提供可靠的数据支撑。在退役电池回收环节，对于个人用户退役电池的回收行为，缺乏有效的激励与约束机制，消费者对于退役电池的回收利用缺乏重视。在综合利用环节，尚未建立梯次利用产品管理机制，对于梯次利用产品的质量和稳定性缺乏检测手段，导致梯次利用产品性能和一致性参差不齐，给行业持续、健康发展造成了不良影响。

3. 标准体系层面，新能源电池回收利用标准系统性研究尚未开展

新能源电池回收利用标准体系仍然存在缺失，在特定领域仍然留有空白。目前新能源电池回收利用国家标准涵盖通用要求、梯次利用、再生利用、管理规范 4 个部分，涉及 20 多项技术标准。截至 2020 年底，国家标准化委员会已发布 5 项车用动力电池回收利用的国家标准，其他新能源电池回收利用标准的征求意见稿已公布，相关标准的报批工作正在加速进行中。部分行业聚焦的退役电池回收利用标准体系如"剩余寿命评估规范""回收处理报告编制规范"正在加快制定中。整体来看，行业尚未形成完整的多领域电池回收利用标准体系，因此随着行业技术的发展，退役电池回收利用标准体系亟待完善，并且退役电池回收利用标准体系需要紧跟政策和技术发展趋势，确保标准的时效性和适用性。

4. 创新发展层面，关键技术需要专项支持及创新发展

新能源电池梯次利用技术有待持续突破，保障产业高质量健康发展。部分企业认为动力蓄电池性能衰减机理、健康状态评价以及一致性检测等问题还没有可靠、有效的解决方案，直接影响电池重组效率和后期运行维护。不同应用场景电池梯次利用的运行控制策略和系统集成方式还不成熟，难以确保梯次利用系统有效运行。

行业发展急需向有序性、规范化发展。目前，梯次利用市场处于加快探索期，企业大多追逐短期利益，面向不同消费群体开发梯次产品，部分企业开发充电宝等小型化梯次产品，导致产品应用领域分散，产品报废后再回收难度增大。部分市场流通的梯次利用生产企业技术水平参差不齐，产品质量缺乏保障，导致安全及环保隐患较大。

新能源电池再生利用技术装备急需绿色化、智能化升级。目前，新能源电池再生利用过程仍然存在物料分选效率低、二次污染重、装备自动化水平差等问题；资源循环过程流程长、仍普遍依赖传统的选矿与冶金原理，急需从新能源电池废料特征入手，推进建立新型共性理论，全面提升其综合利用绿色化与智能化水平。

再生工艺方面，行业主要侧重于三元材料中钴、镍的回收，锂金属及其他组分的回收处于从属地位，且回收设备及工艺对多种电池回收处理的兼容性不强，导致综合利用效率较低。发展趋势方面，再生利用工艺面临转型问题，需要提升自动化、规模化拆解水平，研发高值化有价金属提取以及综合处理多种动力蓄电池的工艺及技术装备，研究应用正极材料直接再生、物理修复等二次污染小、经济环境综合效益好的技术工艺。

5. 产业布局层面，新能源电池回收企业盈利能力与服务网点建设质量有待提高

部分新能源电池回收利用企业尚未形成规模经济，盈利能力有待提高。截至目前，全国共有超过 9000 家动力电池回收服务网点，但是实际运营中许多退役电池并未完全流入规范回收网点，导致退役电池供应与需求错位；同时部分企业电池回收物流成本较高，考虑到材料成本与仓储成本，回收总体成本难

以控制，导致企业盈利空间被极大压缩。

对于磷酸铁锂电池而言，回收利用经济性受原材料价格影响呈现波动趋势。目前市场中流通量较大的主要为退役磷酸铁锂电池，而锰酸锂等电池所含贵金属元素较少，再生价值低，回收利用经济性较差。据调研，部分再生利用企业回收的磷酸铁锂等低残值电池没有有针对性的回收处理设备，缺乏正规回收流程，主要使用三元电池的再生利用生产线进行兼容处置。

电池回收企业拿不到进项税发票。由于新能源电池掌握在个人手中，回收企业在收购退役电池时，无法取得相应的增值税发票，再出售给再生企业时，无法进行增值税抵扣，导致回收企业税负增加。

新能源电池回收服务网点建设质量不高，管理规范性有待加强。当前，新能源电池回收服务网点存在资源配置不合理问题。诸多相关企业均采取自建回收网点的方式，缺乏统一规划，存在网点分布不合理、利用率较低、建设运营成本投入大等问题。此外，目前一些营业网点缺乏自律机制，存在通过产业链上下游信息不对称制造差价等问题。

1.6 新能源电池回收利用产业发展建议

新能源电池回收利用产业链长，涉及回收、梯次利用、再生利用等多个环节，加快新能源电池产业可持续发展，需要政府、地方、行业及企业多方以新发展理念为引领，加强统筹，综合施策，逐步在法律法规、标准体系、回收服务体系、商业模式等方面进一步发展和创新，推动产业发展再上新台阶。

1. 加强新能源电池回收利用产业顶层设计，健全行业监管机制

加快推进新能源电池回收利用法律法规体系建设。建议立法部门加快新能源汽车动力蓄电池回收利用立法，加强相关责任主体的履责约束力度，切实保障生产者责任延伸制度有效落实，避免退役电池流入不规范渠道处理。加快研究制定动力蓄电池综合利用行业资质准入制度，进一步细化企业规模、能力等要求，增加拆解企业的规范要求，做好与新建管理制度的衔接。研究将动力蓄电池回收利用纳入个人及企业征信机制，制定行业发展规划，引导行业合理布局、有序发展。

加快推进新能源电池回收利用全产业链标准制（修）订工作，推动行业标准化体系建设。一是尽快成立退役电池回收利用行业标准化工作组，加强退役电池回收利用标准体系的宏观指导，确保标准的时效性和适用性，结合退役电池回收发展情况，对比分析国内外现有标准内容、开展标准体系研究、标准内容制修订，确保标准遵循政策导向，符合产业发展需求。二是研究提出完善的电池回收利用标准体系。通过统一标准规划、协调标准内容，共同推进电池报废拆解、梯次利用及再生利用等环节标准研制和实施，打造以闭环为目的的新能源电池回收利用标准体系。三是"急用先行，逐步开展"，一方面加快薄弱环节如剩余寿命评估规范、梯次利用要求、放电技术规范、装卸搬运、存储搬运等标准的研究制定及发布工作，以尽快指导行业发展；另一方面，积极发起和建立一套国际认可和通用的技术标准，如建立电池健康状况和剩余能量的监测标准，评估电池寿命并确保动力蓄电池在梯次利用中的性能稳定和安全状况，促进国际电池梯次利用的讨论与合作，在全球范围内建立行业优势和话语权。

加快动力电池回收利用体系建设，推动产业链各环节协同发展。2021 年政府工作报告中首次提及"加快建设动力电池回收利用体系"。规范动力电池回收体系建设，建立环境友好的动力电池回收利用运营环境，将是今后一段时间的重点工作和方向。一是创新回收网点运营服务模式。鼓励汽车生产企业、电池生产企业、报废汽车回收拆解企业及综合利用企业等通过多种形式，合作共建共享新能源电池回收渠道，优化回收服务网点布局及资源配置，提高网点使用效率，降低回收网点的建设运营成本。二是规范回收体系建设和运营，对不符合《新能源汽车动力蓄电池回收服务网点建设和运营指南》要求的网点，进行取缔或者责令企业限期整改。三是开展试点工作，加快探索推广技术经济性强、环境友好的回收利用商业模式，培育一批新能源电池回收利用服务网点，逐步完善新能源电池回收利用环境。

健全监督管理机制，为产业发展提供良好环境。建议国家有关主管部门与地方政府建立长效工作沟通和监督管理机制，在管理制度完善、溯源管理、违规处罚等方面协同配合，对具体环节进行监督检查，及时查处违规行为。加强行业规范管理，行业主管部门通过指导产业布局规划、继续发布符合《新能源汽车废旧动力蓄电池综合利用行业规范条件》的企业名单等多种管理方式，进一步加强对行业的监督管理，推动建立企业履责约束机制，完善管理配套措施。

研究多样化激励措施，探索可持续商业模式。 探索建立激励机制，落实财税优惠政策，利用已有节能环保、循环经济与节能减排、转型升级等专项资金渠道，支持骨干企业发展。结合国家重点研发计划等项目，重点支持动力蓄电池回收利用产业化关键技术、先进设备制造及研发。探索建立行业基金或押金制度，对消费者进行激励和补贴低残值动力蓄电池回收利用企业，提升各方的积极性。

2. 充分发挥引导和监管作用，强化部门联动，促进产业链上下游深化融合

充分发挥市场机制的基础上，加大行业监管力度。 充分发挥市场机制作用，推动行业增强内生发展动力。地方政府可考虑对有资质的回收及梯次利用企业提供专项补贴资金，制定新能源电池回收及梯次利用激励实施细则，建立明确的赏罚机制；鼓励第三方相应机构开展梯次产品认证工作，激发行业内在活力。行业监督管理方面，建议地方有关部门加强联合执法，加大对企业的检查及监督力度，并向社会公布企业履责情况。

落实推动试点示范，及时总结经验及问题。 加强对本地区试点工作组织领导，推动地方试点示范工作在新能源电池回收利用新模式的创新探索，积极总结经验和问题，扎实推进带动地方新能源电池回收利用产业健康可持续发展。

引导多方合作治理，加快健全回收体系。 地方政府积极推动相关企业围绕所在省份开展回收服务网点合理布局共建共享，加大对回收拆解不规范、存在环保及安全隐患企业的督查和清理，整顿废旧动力蓄电池回收渠道。同时以试点工作为牵引，形成有特色的区域性回收利用模式。加强跨区域协同合作，建立多方合作治理模式，健全回收利用监管机制。

3. 充分发挥行业平台集聚作用，推动行业信息及资源共享，建立良性回收利用体系

充分发挥国家溯源平台作用，确保动力蓄电池全生命周期信息可追溯。 在

《新能源汽车动力蓄电池回收利用管理暂行办法》的指导下，工业和信息化部于 2018 年 8 月 1 日正式上线国家溯源平台。国家溯源平台的上线是对《新能源汽车动力蓄电池回收利用溯源管理暂行规定》的有力支撑，通过动力蓄电池全生命周期数据信息的采集与管理，为动力蓄电池回收利用溯源管理的有效实施提供了重要保障。未来，国家溯源平台应面向产业链各企业，进一步做好车辆生产销售、电池维修更换、车辆报废及废旧电池综合利用等环节相关数据的收集、整理与统计工作，完善动力蓄电池各流转环节中来源及去向等信息的匹配关联，形成覆盖全产业、全流程的信息链，实现动力蓄电池服役期间信息追溯，达到动力蓄电池产品来源可查、去向可追、节点可控、责任可究的目的。

建立系统、全面、权威的退役电池数据统计口径。 下一步将依托国家溯源平台，启动动力蓄电池退役量行业调查，建立动力蓄电池回收利用全产业链、全生命周期的数据管理渠道，实现实时、动态的退役电池统计信息，并定期对动力蓄电池的退役量真实情况进行短中长期预测和推算。

构建动力蓄电池第三方评估及交易平台，破解全产业链回收利用难题。 依托全国新能源汽车退役动力蓄电池评估及交易平台，探索建立符合我国国情的新能源电池回收利用模式，开展新能源动力蓄电池性能评估、线下实验室检测和动力蓄电池线上交易等多项服务，有效破解退役动力蓄电池回收利用环节存在的回收难、销售渠道受限、缺乏快速性能检测技术等行业难题，通过信息流通，打造健康的交易环境，提升市场的活跃度。

加大行业宣传力度，普及公众环保理念。 充分发挥行业协会行业平台的作用，通过举办科学讲座、电池回收利用科普巡游等相关活动，加强新能源电池回收利用宣传工作，普及回收利用相关科学知识。

4. 加强产业链上下游协作，探索新能源电池回收利用创新商业模式

充分发挥产业链主体优势，开展新能源电池回收利用效益评估，探索创新商业模式。 对新型商业模式开展新能源电池回收利用效益评估，开展动力蓄电池成组集成技术成本分析，以及再利用场景经济效益和社会效益分析，在此基础上进行创新商业模式试点示范，如"以租代售""固定车型电池定价"合作模式等，对具有价值的循环经济发展模式进行推广。

积极探索动力蓄电池梯级利用场景和潜在市场。目前新能源电池主要在储能领域开展梯次利用，达到智能电网削峰填谷效果。下一步可以在偏远地区分布式供电、通信基站后备电源、家庭电源调节等领域进一步扩大应用，并加快相关标准体系完善。

拓展电池回收利用渠道，打通产业链供需侧信息屏障。优化新能源电池回收利用流程，推进回收利用各环节流程体系化、规范化。开展"互联网＋电池回收"、O2O等多种形式的共享共用模式，打通供给侧－需求侧信息屏障，实现资源集约化、高效化应用。

5. 立足本地新能源汽车推广特点，因地制宜优化回收利用产业布局

我国新能源电池回收服务网点主要分布在京津冀、长三角、珠三角及中部新能源汽车保有量较高的地区，基本满足我国退役新能源电池回收需求。梯次利用企业和再生利用企业对电池退役量、运营成本、人才和技术等资源要素相对敏感，企业主要集中在电池退役量相对较高、人才密度程度相对较高、地区环保和产业规划限制较多的京津冀、长三角、珠三角、中部地区等经济基础较好的城市。

未来一段时间，梯次利用和再生利用产业呈现规模化和集中化发展的趋势日益凸显。从优化产业合理化布局角度出发，一方面，各地区应因地制宜，结合新能源汽车产业推广规模，优化梯次利用和再生利用产能规划和布局，综合运用质量、环保、能耗、安全等标准依法依规，淘汰落后产能，大力压减过剩和低效产能，推进新能源电池回收利用产业绿色发展；另一方面，加快推进绿色制造改造提升，加强工业节能，开展能效对标达标，加快各地区新能源回收利用高效节能技术产品和技术的推广应用，大力推进新能源电池回收利用综合评价，提高回收利用率；加强回收利用网点建设运营，充分发挥各方资源优势，探索共建共享回收服务平台，率先在新能源汽车保有量较大的区域进行网点铺设和规范化改造，优化网络布局。

第2章 政策法规

　　2021年3月5日，十三届全国人大第四次会议在北京人民大会堂开幕，国务院总理李克强在政府工作报告中指出，要增加停车场、充电桩、换电站等设施，加快建设动力电池回收利用体系。随着我国新能源汽车产业发展规模的持续扩大，加快推进和完善新能源电池回收利用体系建设，有利于保护环境，提升资源循环利用水平，促进生态文明建设。目前，行业对新能源电池回收利用的规范化发展需求逐渐增加，新能源电池回收利用行业的监管政策相继出台，对新能源回收利用企业的各项要求正在补充完善，基本构建了"顶层制度 – 溯源管理 – 行业规范 – 试点示范"常态化的工作机制，对产业链上下游各环节的企业相关责任逐渐明确。

2.1 国家层面政策法规体系情况

2.1.1 法律法规体系

法律法规层面，新能源电池回收利用立法提上日程

2020 年 4 月 29 日，十三届全国人大常委会第十七次会议审议通过了修订后的《固体废物污染环境防治法》。这是首次在法律文件中确立对铅蓄电池、车用动力电池产品实行生产者责任延伸制度。

《固体废物污染环境防治法》第六十六条：

电器电子、铅蓄电池、车用动力电池等产品的生产者应当按照规定以自建或者委托等方式建立与产品销售量相匹配的废旧产品回收体系，并向社会公开，实现有效回收和利用。国家鼓励产品的生产者开展生态设计，促进资源回收利用。

2020 年 11 月 2 日，国务院办公厅印发《新能源汽车产业发展规划（2021—2035 年）》，提出"加快推动动力电池回收利用立法""完善动力电池回收、梯级利用和再资源化的循环利用体系，鼓励共建共用回收渠道。建立健全动力电池运输仓储、维修保养、安全检验、退役退出、回收利用等环节管理制度，加强全生命周期监管。"

2.1.2 顶层制度设计

顶层制度设计方面，新能源汽车动力蓄电池回收利用专项管理政策颁布实施进入快车道

自 2018 年以来，新能源汽车动力蓄电池回收利用规范性管理政策的颁布实施加快推进（图 2-1）。2018 年 2 月 26 日，工业和信息化部、科学技术部、环境保护部（现为"生态环境部"）、交通运输部、商务部、国家质量监督检验检疫总局、国家能源局联合印发《新能源汽车动力蓄电池回收利用管理暂行办法》，提出"落实生产者责任延伸制度，汽车生产企业承担动力蓄电池回收的主体责任，相关企业在动力蓄电池回收利用各环节履行相应责任，保障动力蓄电池的有效利用和环保处置。坚持产品全生命周期理念，遵循环境效益、社会效益和经济效益有机统一的原则，充分发挥市场作用"。

2018 年 7 月 3 日，工业和信息化部发布《新能源汽车动力蓄电池回收利用溯源管理暂行规定》，自 2018 年 8 月 1 日起施行，对新获得《道路机动车辆生产企业及产品公告》的新能源汽车产品和新取得强制性产品认证的进口新能源汽车实施溯源管理，提出对梯次利用电池产品实施溯源管理，对各责任主体上传溯源信息的内容、时间节点及程序等提出明确要求。

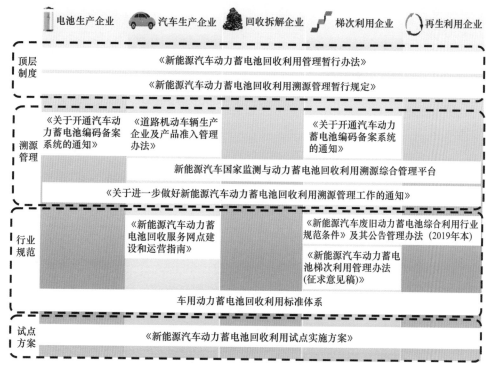

图 2-1　我国新能源汽车动力蓄电池回收利用管理政策体系

2021 年 4 月 7 日，工业和信息化部发布《工业和信息化部 2021 年规章制定工作计划》，提到将加快审查或者起草《新能源汽车动力蓄电池回收利用管理办法》。

2.1.3 行业规范落实

落实行业规范，新能源电池回收利用规范化动态评价机制常态化运行

2020 年 1 月 2 日，工业和信息化部发布《新能源汽车废旧动力蓄电池综合利用行业规范条件（2019 年本）》和《新能源汽车废旧动力蓄电池综合利用行业规范公告管理暂行办法（2019 年本）》，旨在促进废旧动力蓄电池绿色、安全、循环发展。政策对申报企业在布局与项目选址、技术装备和工艺、资源综合利用及能耗、环境保护、产品质量和职业教育、安全生产、人身健康和社会责任方面提出了具体的门槛要求。新能源汽车废旧动力蓄电池综合利用企业按自愿原则进行申请，进入名单的企业应在每年第一季度结束前提交年度发展报告，省级工信部门将对其进行不定期抽查。

按照《新能源汽车动力蓄电池回收利用管理暂行办法》要求，依据《新能源汽车废旧动力蓄电池综合利用行业规范条件》，工业和信息化部分别于 2018年和 2021 年发布《新能源汽车废旧动力蓄电池综合利用行业规范条件》第一批和第二批企业名单。第一批企业名单共 5 家企业入选（表 2-1），包括衢州华友钴新材料有限公司、赣州市豪鹏科技有限公司、荆门市格林美新材料有限公司、湖南邦普循环科技有限公司、广东光华科技股份有限公司；第二批企业名单共 22 家企业入选（表 2-2），包括梯次利用企业 13 家，再生利用企业 8 家，1 家企业同时通过梯次利用和再生利用评审。《新能源汽车废旧动力蓄电池综合利用行业规范条件》企业名单的公示，将有助于加强废旧动力蓄电池产业的规范化循环利用。

表 2-1　《新能源汽车废旧动力蓄电池综合利用行业规范条件》企业名单（第一批）

序号	省份	企业名称
1	浙江省	衢州华友钴新材料有限公司
2	江西省	赣州市豪鹏科技有限公司
3	湖北省	荆门市格林美新材料有限公司
4	湖南省	湖南邦普循环科技有限公司
5	广东省	广东光华科技股份有限公司

资料来源：工业和信息化部官方网站。

表 2-2　《新能源汽车废旧动力蓄电池综合利用行业规范条件》企业名单（第二批）

序号	省份	企业名称	申报类型
1	北京	蓝谷智慧（北京）能源科技有限公司	梯次利用
2	天津	天津银隆新能源有限公司	梯次利用
3		天津赛德美新能源科技有限公司	再生利用
4	上海	上海比亚迪有限公司	梯次利用
5	江苏	格林美（无锡）能源材料有限公司	梯次利用
6	浙江	衢州华友资源再生科技有限公司	梯次利用 再生利用
7		浙江天能新材料有限公司	再生利用
8	安徽	安徽绿沃循环能源科技有限公司	梯次利用
9	江西	中天鸿锂清源股份有限公司	梯次利用
10		江西赣锋循环科技有限公司	再生利用
11		赣州市豪鹏科技有限公司	梯次利用
12	河南	河南利威新能源科技有限公司	梯次利用
13	湖北	格林美（武汉）城市矿产循环产业园开发有限公司	梯次利用
14	湖南	湖南金源新材料股份有限公司	再生利用
15	广东	深圳深汕特别合作区乾泰技术有限公司	梯次利用
16		珠海中力新能源科技有限公司	梯次利用
17		惠州市恒创睿能环保科技有限公司	梯次利用
18		江门市恒创睿能环保科技有限公司	再生利用
19		广东佳纳能源科技有限公司	再生利用
20	四川	四川长虹润天能源科技有限公司	梯次利用

（续）

序号	省份	企业名称	申报类型
21	贵州	贵州中伟资源循环产业发展有限公司	再生利用
22	厦门	厦门钨业股份有限公司	再生利用

资料来源：工业和信息化部官方网站。

2.1.4 溯源信息管理

基于新能源电池的全生命周期电池溯源管理体系搭建完成，电池回收利用行业进一步规范化

伴随着新能源汽车保有量快速扩大，动力蓄电池将迎来大规模退役浪潮。我国政府高度重视动力蓄电池回收利用，相继发布多项政策文件，以规范动力蓄电池全生命周期信息溯源管理，推进资源综合利用。

2018年2月26日，工业和信息化部、科技部等七部委颁发了《新能源汽车动力蓄电池回收利用管理暂行办法》（以下简称《暂行办法》），其中第九、十、十一、二十四、二十五条分别提到动力蓄电池的可追溯性，规定电池生产企业、汽车生产企业、新能源汽车销售商、新能源汽车售后服务机构、电池租赁等运营企业在溯源信息系统中应尽的责任，例如，上传动力蓄电池编码、记录新能源汽车及所有人的溯源信息。另外，该《暂行办法》从制度层面要求建立动力蓄电池回收服务网点上传制度，汽车生产企业应定期通过溯源信息系统上传动力蓄电池回收服务网点等信息，并通过信息平台及时向社会公布有关信息。工业和信息化部、质检总局负责建立统一的溯源信息系统，会同有关部门建立信息共享机制。

2018年7月，工信部发布《新能源汽车动力蓄电池回收利用溯源管理暂行规定》，要求建立"新能源汽车国家监测与动力蓄电池回收利用溯源综合管理平台"，规定每个责任主体企业上传可追溯性信息的主要内容、时间要求和步骤等，实现动力蓄电池来源可查、去向可追、节点可控、责任可究。通过对动力蓄电池进行统一编号和信息收集，追溯真实的电池来源并对各节点进行调节，能够进一步达到动力蓄电池的可追溯性管理要求（图 2-2）。为切实做好新能源汽车动力蓄电池回收利用溯源管理工作，2019 年 12 月 2 日，工业和信息化部下发《关于进一步做好新能源汽车动力蓄电池回收利用溯源管理工作的通知》，就进一步做好溯源管理工作提出明确要求。

电池生产企业
- 申请厂商代码
- 动力蓄电池编码规则备案
- 对电池进行编码与标识
- 将电池编码信息报送整车企业

汽车生产企业
- 采集电池生产、车辆生产(进口)、车辆销售、维修更换、电池回收、电池退役等环比的溯源信息并上传至溯源管理平台
- 报送并公布回收服务网点信息

回收拆解企业
- 上传车辆报废信息
- 上传电池移交信息

梯次利用企业
- 申请厂商代码
- 梯次利用坚持编码规则备案
- 对梯次利用电池产品编码与标识
- 上传梯次利用产品生产、出库信息
- 上传电池报废信息

再生利用企业
- 上传电池接收信息
- 上传电池再生利用信息

图 2-2　各责任主体企业需承担的动力蓄电池回收利用溯源管理任务

2020 年 7 月 31 日，商务部发布《报废机动车回收管理办法实施细则》，细化落实《报废机动车回收管理办法》。该细则于 2020 年 9 月 1 日起施行，阐述了在中国从事报废机动车回收拆解活动企业的资质认证管理、回收拆解行为规范、回收利用行为规范、监督管理以及法律细则。其中，第四章第二十七条要

求回收拆解企业应当将报废新能源汽车车辆识别代号及动力蓄电池编码、数量、型号、流向等信息，录入"新能源汽车国家监测与动力蓄电池回收利用溯源综合管理平台"系统。2020 年 8 月 19 日，工业和信息化部发布最新版《新能源汽车生产企业及产品准入管理规定》，于 2020 年 9 月 1 日正式实施。其中，第十八条要求实施新能源汽车动力电池溯源信息管理，跟踪记录动力电池回收利用情况。

2.1.5　试点示范运行

试点示范运行方面，积极推进先行先试，探索可持续发展模式

在开展动力蓄电池回收利用试点工作方面，2018 年 3 月 2 日，工业和信息化部、科技部等七部委联合发布通知，印发《新能源汽车动力蓄电池回收利用试点实施方案》。试点内容包括：充分落实生产者责任延伸制度，由汽车生产企业、电池生产企业、报废汽车回收拆解企业与综合利用企业等通过多种形式，合作共建、共用废旧动力蓄电池回收渠道。探索多样化商业模式，推动形成动力蓄电池梯次利用规模化市场。建设商业化服务平台，构建第三方评估体系，探索线上线下动力蓄电池残值交易等新型商业模式。推动先进技术创新与应用，开展废旧动力蓄电池余能检测、残值评估、快速分选和重组利用、安全管理等梯次利用关键共性技术研究，以及有价元素高效提取、材料性能修复、残余物质无害化处置等再生利用先进技术的研发攻关。

2018 年 7 月 25 日，七部委发布通知，确定京津冀地区、山西省、上海市、江苏省、浙江省、安徽省、江西省、河南省、湖北省、湖南省、广东省、广西壮族自治区、四川省、甘肃省、青海省、宁波市、厦门市及中国铁塔股份有限公司为试点地区和企业。通过先行先试，培育动力蓄电池回收利用标杆企业，促进关键技术研发推广，探索技术经济性强、资源环境友好的多元化回收利用模式。

2.1.6　企业责任要求

企业责任要求方面，产业链各环节的责任义务逐渐明晰

新能源电池回收服务网点建设和运营方面，进一步明确行业主体企业责任和义务。2019 年 9 月 10 日，工业和信息化部将《新能源汽车动力蓄电池回收服务网点建设和运营指南（征求意见稿）》向社会公开征求意见。2019 年 11 月 7 日，工业和信息化部正式发布《新能源汽车动力蓄电池回收服务网点建设和运营指南》（以下简称《指南》）。该《指南》明确说明"新能源汽车生产及梯次利用等企业应按照国家有关管理要求通过自建、共建、授权等方式建立回收服务网点，新能源汽车生产、动力蓄电池生产、报废机动车回收拆解、综合利用等企业可合作共用回收服务网点"[⊖]。这意味着梯次利用企业与新能源汽车生产企业一样，都具有回收动力蓄电池和建设回收服务网点的责任，《指南》明确了梯次利用企业的行业定位，进一步完善了动力蓄电池全生命周期的质保体系及回收渠道，促进了梯次电池的应用发展。

2020 年 3 月 23 日，工业和信息化部发布《2020 年工业节能与综合利用工作要点》，提出推动新能源汽车动力蓄电池回收利用体系建设重点工作内容，深入实施绿色制造工程和工业节能与绿色标准计划。关于动力蓄电池回收利用方面，重点提到要深入开展试点工作，加快探索推广技术经济性强、环境友好的回收利用市场化模式。研究制定《新能源汽车动力蓄电池梯次利用管理办法》，建立梯次利用产品评价机制，健全法规，督促企业加快履行溯源和回收责任。

2020 年 7 月 15 日，工业和信息化部印发《京津冀及周边地区工业资源综合利用产业协同转型提升计划（2020—2022 年）》，提出京津冀及周边地区工业资源综合利用进一步发展的总体要求、重点任务和保障措施，明确"加快退役动力电池回收利用"和"推进资源综合利用产业集聚发展"等相关任务

⊖ 郭艳. 动力蓄电池回收利用新《指南》出台规范回收服务网点建设运营势在必行 [J]. 资源再生，2019（11）:31–33.

内容。

新能源电池梯次利用管理方面，相关部门对梯次利用企业和产品的管理要求逐渐趋紧。为加强新能源汽车动力蓄电池梯次利用管理，提升资源综合利用水平，保障梯次利用电池产品的质量。2020 年 10 月 10 日，工业和信息化部节能与综合利用司发布《新能源汽车动力蓄电池梯次利用管理办法（征求意见稿）》，分别对梯次利用企业和产品、回收利用方面提出要求：

1）对梯次利用企业的要求：研发的梯次产品应适用于基站备电、储能、充换电等领域；企业与新能源汽车国家监测与动力蓄电池回收利用溯源综合管理平台进行对接，上传产品相关信息。

2）对梯次产品的要求：应保证梯次产品的可靠性；采用易于维护、拆卸及拆解的设计；产品性能符合国家相关标准；按照现有编码规则进行编码管理；产品自愿认证，可使用行业主管部门认定的标志。

3）对回收利用企业的要求：企业应建立回收网点，与相关企业联合完善回收体系；规范管理企业报废电池，按照要求移交再生回收企业；不得擅自拆解和处置报废梯次电池，违者追究相关责任。

此外，在发展工业循环经济，加快电池回收利用制造业发展方面，国家部委相继出台政策措施，促进产业发展。国家发展改革委、司法部 2020 年 3 月印发《关于加快建立绿色生产和消费法规政策体系的意见》的通知，明确到 2025 年绿色生产和消费的主要目标，提出 9 项主要任务，其中"发展工业循环经济"涉及动力蓄电池回收利用内容：以汽车产品、动力蓄电池等为重点，加快落实生产者责任延伸制度。2020 年 12 月 28 日，国家发展改革委、商务部发布《鼓励外商投资产业目录（2020 年版）》，产业类别涉及电池回收处理再生利用设备制造（表 2-3）。

从 2020 年新出台的规范性系列政策来看，政策结合新能源电池产业发展现状，逐渐对梯次利用管理等内容进行完善；并且部分政策在原有规范性文件的基础上进行了修订与细化，对产业链上下游各环节企业的规范要求能够满足产业健康发展的需求，促进回收利用企业进一步规范化建设与运营。

表 2-3　与电池回收利用相关的鼓励外商投资产业目录（摘录）

目录范围	鼓励外商投资产业类别
全国	三、制造业 **（十八）专用设备制造业** 241. 废旧塑料、电器、橡胶、电池回收处理再生利用设备制造。 **（二十四）废弃资源综合利用业** 374. 废旧电器电子产品、汽车、机电设备、橡胶、金属、电池回收处理
中西部	**内蒙古自治区：** 23. 大型储能技术研发与生产应用（蓄能电池、抽水蓄能技术、空气储能技术、风电与后夜供热等） **辽宁省：** 18. 大型储能技术研发与生产应用（蓄能电池、抽水蓄能技术、空气储能技术、风电与后夜供热等） **江西省：** 12. 利用钨、镍、钴、钽、铌等稀有金属资源深加工、应用产品生产及循环利用 **湖北省：** 12. 铜矿及其他有色金属产品延伸加工及循环利用 27. 大型储能技术研发与生产应用（蓄能电池、抽水蓄能技术、空气储能技术、风电与后夜供热等） **四川省：** 21. 大型储能技术研发与生产应用（蓄能电池、抽水蓄能技术、空气储能技术、风电与后夜供热等） **青海省：** 12. 铝基、镁基、钛基、锂基及镍基等新型金属合金材料的研发及生产 **新疆自治区（含新疆生产建设兵团）：** 25. 智能电网设备、电气成套控制系统设备制造

2.2　地方层面政策体系情况

　　试点地区加快建立跨区域回收体系，采取措施推动"落地生根"。在试点先行、规范化与激励的政策下，各大试点城市纷纷根据本地新能源汽车行业和动力蓄电池发展现状，补充推出相关地方性政策，推动新能源汽车动力蓄电池的回收规范化。目前与全国政策相比，各地方制定的方案更为细致。截至 2020年，河南、四川、宁波、厦门等 10 个试点地区发布了回收利用试点实施方案，不同地区具体试点应用情况各具特色。

2.2.1 京津冀地区

京津冀地区，汽车、电池及综合利用企业探索协调合作，共建共用回收网络

2018年12月18日，京津冀三地联合对外发布《京津冀地区新能源汽车动力蓄电池回收利用试点实施方案》（简称《试点实施方案》）及征集试点示范项目的通知。《试点实施方案》提到，到2020年，京津冀地区基本建成规范有序、合理高效且可持续发展的回收利用体系及公平竞争、规范有序的市场化发展氛围。建成京津冀地区动力蓄电池溯源信息系统，实现动力蓄电池全生命周期信息的溯源和追踪。基于大数据的废旧动力蓄电池残值评估技术取得重大突破，废旧动力蓄电池拆解技术和装备实现产业化。动力蓄电池梯次利用初步实现产业化发展，建成2~4家废旧动力蓄电池拆解示范线和梯次利用工厂。探索和布局1~2家动力蓄电池资源化再生利用企业。京津冀区域协同发展取得良好成效，动力蓄电池实现安全、规范、高效回收利用。根据《试点实施方案》，京津冀地区新能源电池回收试点工作的重点内容主要包括加强动力蓄电池回收利用体系建设、实现动力蓄电池全生命周期监管、推动先进技术和装备研发应用、建立京津冀地区动力蓄电池回收利用产业联盟。

为进一步加快试点示范项目建设进程，北京市经济和信息化局、天津市工业和信息化局和河北省工业和信息化厅联合组织京津冀地区新能源汽车动力蓄电池回收利用试点示范项目遴选工作。经企业申报、专家评审、三地官网公示等环节，2019年7月，三地联合发布京津冀地区新能源汽车动力蓄电池回收利用试点示范项目名单（表2-4），共包括21家申报单位申报的18个试点示范项目，并对各试点示范项目申报单位提出具体要求。

表2-4　京津冀地区新能源汽车动力蓄电池回收利用试点示范项目名单（排名不分先后）

序号	项目名称	项目申报单位
1	动力蓄电池回收体系建设	北京金属回收有限公司
2	新能源汽车动力蓄电池在铁塔基站的梯次利用	北京聚能鼎力科技股份有限公司

（续）

序号	项目名称	项目申报单位
3	北京铁塔动力蓄电池回收体系试点	中国铁塔股份有限公司北京市分公司
4	梯次电池储充电站建设	北京市兴顺达客运有限公司
5	退役动力蓄电池价值评估与梯次利用	北京海博思创科技有限公司
6	基于评估技术的动力蓄电池梯次利用示范应用	北京匠芯电池科技有限公司
7	动力蓄电池梯次利用工厂及回收体系建设	北汽鹏龙（沧州）新能源汽车服务股份有限公司
8	中兴邦普新能源汽车动力蓄电池回收利用	中兴能源有限公司 湖南邦普循环科技有限公司
9	废旧锂电池回收及梯次利用体系建设	天津猛狮新能源再生科技有限公司
10	京津冀地区新能源汽车动力蓄电池回收利用	中冶瑞木新能源科技有限公司
11	废旧锂离子动力蓄电池高效绿色再生利用	中化河北有限公司
12	联美量子 5 万吨废旧动力蓄电池回收利用	天津联美量子科技有限公司
13	退役动力蓄电池包智能回收拆解	格林美（天津）城市矿产循环产业发展有限公司
14	赛德美物理法废动力蓄电池回收处置	北京赛德美资源再利用研究院有限公司 天津赛德美新能源科技有限公司
15	回收体系构建和无害化物理拆解技术应用	天津巴莫科技股份有限公司 浙江华友循环科技有限公司
16	动力蓄电池全生命周期产业链建设	长城汽车股份有限公司
17	绿色再生退役动力蓄电池回收	石家庄绿色再生资源有限公司 天津绿色再生资源利用有限公司
18	新能源汽车动力蓄电池回收综合利用	河北顺境环保科技有限公司

资料来源：河北省工业和信息化厅官网。

2020 年 7 月 3 日，工业和信息化部印发《京津冀及周边地区工业资源综合利用产业协同转型提升计划（2020—2022 年）》（工信部节〔2020〕105 号）（简称《提升计划（2020—2022 年）》）。《提升计划（2020—2022 年）》提出，到 2022 年，区域年综合利用工业固废量 8 亿 t，主要再生资源回收利用量达到 1.5 亿 t，产业总产值突破 9000 亿元，形成 30 个特色鲜明的产业集聚区，建设 50 个产业创新中心，培育 100 家创新型骨干企业；区域协同机制较为完善，基本形成大宗集聚、绿色高值、协同高效的资源循环利用产业发展新格局。值得关注的是，《提升计划（2020—2022 年）》特别提出要加快退役动力电池回收利用，京津冀地区要充分发挥各方优势，加强区域互补，统筹推进区域回收利用体系建设。

> 《京津冀及周边地区工业资源综合利用产业协同转型提升计划（2020－2022年)》重点任务（八）加快退役动力电池回收利用：
>
> 京津冀及周边地区是我国新能源汽车推广应用规模最大的区域，充分发挥骨干企业、科研机构、行业平台及第三方机构等方面优势，加强区域互补，统筹推进区域回收利用体系建设。推动山西、山东、河北、河南、内蒙古在储能、通信基站备电等领域建设梯次利用典型示范项目。支持动力电池资源化利用项目建设，全面提升区域退役动力电池回收处理能力。

2021年3月10日，北京市人民政府办公厅印发《北京市关于构建现代环境治理体系的实施方案》(简称《实施方案》)，《实施方案》指出推动落实生产者责任延伸制度，探索开展新能源汽车退役电池等废弃物回收利用。

2.2.2　长三角地区

> 长三角地区，以上海带动地区周边企业，统一标准建设回收服务网点，实现区域协作

（1）上海市统一回收网点设置及管理规范，加快电池全生命周期溯源管理

为有效规范上海市生活源再生资源回收网点、中转站和集散场建设，上海市环保局发布行业标准《上海"两网融合"回收网点设置与管理规范》，目的在于提升回收服务管理规范。截至2021年2月，上海市已建成364个暂存性电池回收服务网点，并建成两个第三方集中型存储网点，基本形成覆盖全市的电池回收网络⊖。

在电池全生命周期溯源管理方面，上海市加快地方新能源汽车动力蓄电

⊖ 资料来源：澎湃新闻，加快新能源车电池回收，沪已建成364个暂存性回收服务网点（https://www.thepaper.cn/newsDetail_forward_11139507）。

池全生命周期溯源管理系统（二期）的开发和试运行。据上海市经信委，截至2021 年 2 月，上海市新能源汽车动力蓄电池全生命周期溯源管理系统已接入新能源汽车企业 20 家，车辆电池包数据收录约 7000 条，模块数据约 18 万条，单体数据约 136 万条。

此外，上海市政府针对电池回收利用领域也在加快制定相关的管理政策，拟聚焦电池回收渠道及网络建设、强化生产者责任延伸制度、电池溯源监管、财税支持等方面，加快电池回收利用产业规范化发展，形成可持续的回收利用发展模式。

（2）浙江省注重回收网络及梯次利用环节，主要依托电池及储能企业，承担电池梯次利用工作

为加快推进浙江省新能源汽车动力蓄电池回收利用试点工作，2018 年浙江省经济和信息化厅会同省级相关主管部门发布《浙江省新能源汽车动力电池回收利用试点实施方案》（简称《实施方案》）。《实施方案》提出，计划到 2020年全省初步建立有效的动力蓄电池回收利用体系，动力蓄电池生产、使用、贮运、回收、利用各环节规范管理全覆盖，废旧动力蓄电池回收体系、追溯体系有效运转。梯次利用技术完备，建成良好运行的示范项目。废旧动力蓄电池再生利用无害化技术获得实施、贵重金属回收率达到国家标准。形成行之有效的废旧动力蓄电池回收利用商业模式。

同期，浙江省公布《新能源汽车废旧动力蓄电池回收利用试点企业名单》（表 2-5），并且根据新能源电池回收利用体系、梯次利用、再生利用等环节开展试点工作，探索新能源电池回收利用体系建设和市场化商业化模式。

从试点工作项目上来看，回收网络试点工作有 5 个项目；梯次利用项目有7 项；余能检测试点工作 2 项。具体到电池回收利用产业链回收、梯次利用和再生利用各环节，制定具体有实操性质的实施措施，如回收网点建设领域，计划到 2020 年 6 月前，由吉利建设 35 个具备废旧电池贮存与分选的维修服务网点，由吉利与华友搭建电池回收互联网平台，由超威和南都改 / 新建回收网点；电池收运环节，由华友建设电池收取与运输机制；电池梯次利用环节，由协能、模储、易源、超威、南都、天能建设梯次利用示范项目，研究梯次电池在通信

基站、低速车、电动自行车、削峰填谷、光伏等领域的应用方案，由协能、超威与万向编制电池余能检测与安全检测、快速检测工艺方案、残值评估体系。电池设计提升领域，由超威和南都提供利于梯次与再生拆解的电池结构设计方案。浙江省技术创新服务中心会同吉利、华友等试点企业实施省市监管局动力蓄电池回收试点标准化项目，包括运输、储存、利用、拆解、再生的相关标准和技术规范的制定。

表 2-5　浙江省新能源汽车废旧动力蓄电池回收利用试点企业名单（第一批）

序号	企业名称
1	浙江吉利控股集团有限公司
2	万向集团有限公司
3	浙江天能集团
4	浙江超威创元实业有限公司
5	浙江南都电源动力股份有限公司
6	浙江华友钴业股份有限公司
7	杭州协能科技股份有限公司
8	杭州易源科技有限公司
9	杭州模储科技有限公司

资料来源：浙江省经济和信息化厅官方网站。

2.2.3　珠三角地区

珠三角地区，明确试点相关企业责任要求，创新押金回收机制，重点项目采取直接财税支持措施，培育发展动力蓄电池回收利用典型模式和项目

（1）广东省积极培育动力蓄电池典型企业和项目，重点项目采取直接补贴方式

根据工业和信息化部等七部门《关于组织开展新能源汽车动力蓄电池回收利用试点工作的通知》（工信部联节函〔2018〕68 号），2018 年广东省工业和信息化厅发布《关于公布广东省新能源汽车动力蓄电池回收利用试点企业名单》（第一批），第一批新能源汽车动力蓄电池回收利用试点企业名单共有 45

家企业在列。其中，包括新能源汽车生产企业 8 家、报废汽车回收拆解企业 7
家、动力蓄电池生产企业 13 家、动力蓄电池综合利用企业 5 家、相关研究机
构及行业组织 12 家（图 2-3）。

为进一步构建广东省电池回收利用体系，探索可复制可推广的典型模式，
并完善对第一批广东省新能源动力蓄电池回收利用试点单位目标管理，2020 年
广东省发布《广东省工业和信息化厅关于开展新能源汽车动力蓄电池回收利用
典型模式征集和第一批省试点企业材料补充的通知》，旨在以集约化、高效化、
生态化为导向，以构建动力蓄电池回收利用信息管理体系、回收体系、第三方
评估体系、梯次利用及再生利用模式为重点，征集若干科技含量高、运营良
好、符合市场规律的回收利用模式，培育发展一批动力蓄电池回收利用典型模
式示范，提升广东省动力蓄电池回收利用行业发展水平。

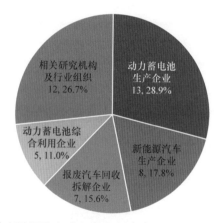

图 2-3 广东省新能源汽车动力蓄电池回收利用试点企业数量及结构占比

在推进动力蓄电池回收利用财税支持政策体系方面，广东省对动力蓄电池
回收与再利用项目采取直接补贴方式。2020 年 5 月 12 日，广东省工业和信息
化厅印发《关于 2021 年度打好污染防治攻坚战专项资金（绿色循环发展与节
能降耗）项目入库储备工作的通知》，明确采取直接补助方式，支持地市辖区
内处理量不低于 5 万 t/ 年的新能源汽车旧动力蓄电池综合利用项目；2020 年 9
月 15 日，广州市人民政府办公厅印发《关于促进汽车产业加快发展的意见》，
要求促进动力蓄电池回收与再利用。对试点示范项目予以不超过项目固定资产

投资额 30% 的奖励，单个企业最高不超过 1 亿元，并给予 5 年贷款贴息补助，单个企业每年最高不超过 1000 万元。

（2）深圳市加强电池全生命周期溯源管理，落实动力蓄电池回收押金制度

2018 年 3 月 27 日，深圳市发展和改革委员会发布《深圳市开展国家新能源汽车动力电池监管回收利用体系建设试点工作方案（2018—2020 年）》，按照"互联网＋监管"的思路，构建动力蓄电池全生命周期信息管理体系。完善动力蓄电池回收押金机制，试点方案明确针对在深圳市备案销售的新能源汽车企业（包括本地生产企业和已备案的外地生产企业在深圳的法人销售企业），销售新能源汽车所装载的动力蓄电池，在销售新能源汽车时按照单位千瓦时专项计提一定额度的动力蓄电池回收处理资金。对计提动力蓄电池回收处理资金的企业，可按规定标准给予补贴资金，由企业再完成回收处理后依程序申请。

为进一步落实生产者责任延伸制度，落实动力蓄电池回收押金机制，2019 年 1 月 10 日，深圳市财政委员会联合市发展和改革委员会发布《深圳市 2018 年新能源汽车推广应用财政支持政策》，明确规定新能源生产企业承担动力蓄电池回收的主体责任，对按照要求计提动力蓄电池回收处理资金的，深圳市发展改革委按程序对汽车生产企业给予补贴。政策明确要求新能源汽车生产企业建立动力蓄电池回收渠道，规定企业按照 20 元 /kW·h 的标准专项计提动力蓄电池回收处理资金，深圳市发展和改革委按经审计确定金额的 50% 对企业给予补贴，补贴资金应当专项用于动力蓄电池回收。

2.2.4　中部地区

中部地区，由区域内骨干汽车企业、电池生产企业及综合利用企业合作，依托本地区产业基础优势建立区域化的回收处理中心

（1）湖南省试点实施方案内容较全面，各环节试点工作均衡发展

2019 年 4 月 16 日，湖南省政府出台《湖南省新能源汽车动力蓄电池回收利用试点实施方案》（简称《实施方案》）。该《实施方案》关于动力蓄电池回

收利用实施方案内容完整性较高，不仅公布了指导原则、主要任务、重点工作、保障措施等相关内容，还公布了试点企业及单位名单和试点工作项目。湖南省以材料回收企业作为试点工作的中坚力量，实现产业各环节均衡发展。

从公布的实施方案来看，共有 45 家企业随《实施方案》一同公布，参与试点工作开展（图 2-4）。其中，整车企业 15 家，占比 33.3%；回收企业 24 家，占比 53.4%；联盟及协会 6 家，占比 13.3%；回收企业数量最多。

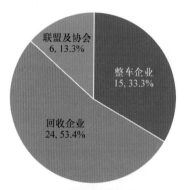

图 2-4　湖南省新能源汽车动力蓄电池回收利用试点工作参与企业结构占比

从试点工作环节来看，湖南省将试点工作分为回收网络建设、梯次利用、再生利用、标准制定 4 个主要环节（图 2-5）。回收网络建设工作有 16 项，占比 31.4%；梯次利用试点工作有 10 项，占比 19.6%；再生利用试点工作有 15 项，占比 29.4%；标准制定工作有 10 项，占比 19.6%。

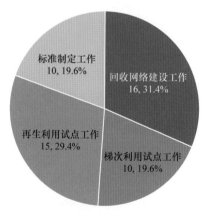

图 2-5　湖南省新能源汽车动力蓄电池回收利用试点工作结构占比

整体而言，各项试点工作数量大致相当，各个环节均衡发展。从参与企业承担试点工作内容来看，长沙矿冶研究院（含湖南舜华）、桑顿新能源（含鸿捷）等回收企业涉及回收网络建设、梯次利用、再生利用、标准制定全部4个环节；湖南中车、中南冶金院主要参与回收网络建设、再生利用、标准制定3个环节。从试点工作参与企业和试点工作内容来看，材料回收企业承担的工作内容范围广，是试点工作的中坚力量。

在推进动力蓄电池回收利用重点项目技术攻关领域，湖南省给予一定的资金支持。2019年11月27日，湖南省工业和信息化厅发布《湖南省新能源汽车动力蓄电池回收利用系统集成攻关实施方案》，明确将"新能源汽车动力蓄电池回收利用系统集成攻关"项目纳入制造强省专项资金支持范围，对按计划执行的项目给予一定的资金补助。2020年9月28日，湖南省工业和信息化厅按照《湖南省新能源汽车动力蓄电池回收利用系统集成攻关实施方案》要求，组织完成2020年重点项目招标工作。

（2）湖北省加快推进动力蓄电池回收利用重点项目建设，并给予资金支持

2018年9月18日，湖北省经信委组织召开新能源汽车动力蓄电池回收利用试点工作座谈会，落实《湖北省新能源汽车动力蓄电池回收利用试点实施方案》。积极探索湖北省废旧动力蓄电池回收利用模式，推进回收利用体系建设，充分发挥试点示范作用，为国家建立科学完善的废旧动力蓄电池回收利用制度提供实践支撑。

2020年5月20日，湖北省发展改革委印发《湖北省2020年省级重点建设计划》（简称《重点建设计划》），《重点建设计划》包含动力蓄电池及材料、电池回收项目。动力蓄电池及材料项目包括循环再造动力蓄电池三元正极材料项目，项目总投资55000万元，2020年计划投资20000万元；电池回收项目包括骆驼集团资源循环襄阳有限公司5万t动力锂电池回收及梯次利用项目，项目总投资60587万元，2020年计划投资30000万元。

（3）安徽省、江西省等省份积极搭建创新平台，开展产业链关键环节技术协同创新及标准研制等工作

安徽省通过发起省内及周边新能源汽车动力蓄电池回收利用产业链上下

游代表企业和相关高校院所、服务机构积极参与，联合发起成立地方联盟。联盟成立后，进一步完善电池回收利用产业链条，通过补链强链实现动力蓄电池产业链不断延伸，形成从材料研发、电池设计生产、电池销售使用，到电池回收、梯次利用、再生利用，再到材料的全产业链闭环，打造中部地区动力蓄电池发展高地。在动力蓄电池回收环节的激励政策方面，2018 年 11 月 22 日，合肥市人民政府办公厅发布《合肥市新能源汽车推广应用财政补助管理细则（2018 年修订）》，对整车、电池生产企业等建立废旧动力蓄电池回收系统并回收利用的，按电池容量给予 10 元 /kW·h 的奖励，旨在提高企业和消费者回收利用的意识和积极性，进一步推动电池回收利用工作。

2020 年 10 月 29 日，江西省成立新能源汽车动力电池回收利用协会，为进一步落实新能源汽车动力蓄电池回收利用试点工作，推进回收利用体系建设提供有力支撑。

2.3 标准体系建设推进情况

2.3.1 国家标准架构体系已经搭建

2017 年，行业内有利于动力蓄电池回收利用的规格尺寸和编码规则标准等已发布实施。GB/T 34013—2017《电动汽车用动力蓄电池产品规格尺寸》公布了 6 款圆柱形电池，125 款方形电池，14 款软包电池，增加了蓄电池产品规格尺寸通用要求。同时，进一步明确规定电动汽车用动力蓄电池的单体、模块以及标准箱尺寸规格要求。该标准有利于缓解此前由于动力蓄电池尺寸各异而导致难以匹配储能设备结构的难题，并且降低了动力蓄电池梯次回收利用的门槛。该标准为推荐性国家标准，并未强制实施，从长期来看具有引导行业发展方向的作用。

GB/T 34014—2017《汽车动力蓄电池编码规则》明确了动力蓄电池编码

的基本原则、编码对象和编码结构，其中编码结构包括厂商代码、产品类型代码、电池类型编码、规格代码、追溯信息代码、生产日期代码、序列号、梯级利用代码[⊖]。例如，某动力蓄电池包的编码为101PE052011A117AA0000100，其含义是：101（厂商代码）——某动力蓄电池包生产厂商的统一分配编码；P（产品类型代码）——动力蓄电池包；E（电池类型编码）——三元材料；05（规格代码）——企业自定义动力蓄电池包规格代码；2011A11（拓展结构）——企业自定义追溯代码信息；7AA（生产日期代码）——生产日期为2017年10月10日；0000100（序列号）——当日生产的同一规格动力蓄电池包的序列号。

此外，全国汽车标准化技术委员会在动力蓄电池通用要求、梯次利用、再生利用、管理规范等领域已经发布余能检测、拆卸要求、拆解规范、材料回收要求、包装运输规范5项车用动力蓄电池回收利用国家标准[⊖]，分别为GB/T 34015—2017《车用动力电池回收利用　余能检测》、GB/T 34015.2—2020《车用动力电池回收利用　梯次利用　第2部分：拆卸要求》、GB/T 33598—2017《车用动力电池回收利用　拆解规范》、GB/T 33598.2—2020《车用动力电池回收利用　再生利用　第2部分：材料回收要求》、GB/T 38698.1—2020《车用动力电池回收利用　管理规范　第1部分：包装运输》。

国家相关部委加快推进动力蓄电池回收利用相关标准制定及发布工作。2020年4月16日，工业和信息化部发布《2020年新能源汽车标准化工作要点》，指出动力蓄电池回收标准工作是主要工作之一，内容主要涉及开展动力蓄电池规格尺寸等模块化标准体系的健全工作，征求梯次利用设计指南和回收服务网点建设规范等标准的意见。

2020年6月17日，生态环境部办公厅发布国家环境保护标准《废锂离子动力蓄电池处理污染控制技术规范（征求意见稿）》（图2-6），适用于废锂离子动力蓄电池拆解、焙烧、破碎、分选和材料回收过程的污染控制，并可用于指导废锂离子动力蓄电池处理企业建厂选址、工程建设与建成后的运行管理、

⊖ 王萍，刘波，高二平. 车用动力蓄电池回收利用标准的现状及建议 [J]. 电池，2020（3）：280-283.
⊖ 王彩娟，朱相欢. 车用动力蓄电池回收利用国家标准解读 [J]. 电池工业，2020（4）：211-215.

环境监测工作，以及开展废锂离子动力蓄电池处理项目环境影响评价。

图 2-6　生态环境部办公厅《废锂离子动力蓄电池处理污染控制技术规范（征求意见稿）》

2.3.2　行业标准体系加快制定

（1）行业标准

全国汽车标准化技术委员会、全国废弃化学品处置标准化技术委员会、全国绝缘材料标准化技术委员会、全国电力储能标准化技术委员会等开展了 9 项行标研制工作，已发布 2 项行业标准，分别为 HG/T 5019—2016《废电池中镍钴回收方法》和 HG/T 5545—2019《锂离子电池材料废弃物中镍含量的测定》。

2020 年 10 月 12 日，工业和信息化部公示《新能源电池回收利用行业标准化工作组筹建申请》，该工作组由中国工业节能与清洁生产协会牵头，北京理工大学电动车辆国家工程实验室、中国汽车技术研究中心有限公司等参与筹建。标准化工作组将于 2021 年开展新能源电池回收利用行业标准的制修订工作，推进新能源电池回收利用领域高质量发展。

（2）地方标准

地方标准方面，上海市、湖南省、浙江省、安徽省、深圳市开展了新能源电池回收利用地方标准研制工作，其中上海市新能源汽车与应用标准化技术委员会发布 DB31/T 1053—2017《电动汽车动力蓄电池回收利用规范》，深圳市发展和改革委员会发布 DB4403/T 20—2019《电动汽车车载锂离子动力电池系统检测方法》。

（3）团体标准

团体标准方面，北京资源强制回收环保产业技术创新战略联盟、深圳市电源技术学会、广东省循环经济和资源综合利用分会等相关协会积极开展了团体标准研制工作，已发布 11 项。

在梯次利用电池储能领域，伴随着梯次利用电池储能的规模化应用，梯次利用储能电池安全问题逐渐凸显，基于新能源电池回收利用的行业标准体系的编制节奏也逐渐加快。目前，已经发布的 T/ATCRR 07—2019《梯次利用锂离子蓄电池　储能用蓄电池》，由北京资源强制回收环保产业技术创新战略联盟牵头编制。2019 年 8 月 28 日，电动汽车消防安全系列行业标准立项评审会上，由应急管理部上海消防研究所牵头，向中国汽车工程学会和中国消防协会提出立项申请的一系列动力蓄电池梯次利用储能行业标准通过专家组讨论同意通过立项评审，列入中国汽车工程学会和中国消防协会 2019 年行业标准研制计划。这些行业标准包含《动力电池梯次利用储能电站火灾风险评估指南》《动力电池梯次利用储能系统火灾应急预案编制指南》《动力电池梯次利用储能系统消防安全技术条件》和《动力电池梯次利用储能系统火灾防控装置性能要求与试验方法》。2020 年 12 月 18 日，中国汽车工程学会发布《动力电池梯次利用储能》团标的征求意见稿。相关标准的制定是行业发展的需要，说明梯次储能应用逐步增加，市场规范化进程加速。

第 3 章

电池溯源

　　动力蓄电池在生产、运输、使用等环节的安全风险监管问题亟待解决，而未经妥善回收利用的退役动力蓄电池将造成资源浪费，特别是，随意丢弃废旧动力蓄电池更会带来难以逆转的环境污染。因此，实现对新能源汽车动力蓄电池全生命周期信息的全面有效监管，是提升社会效益、经济效益、环境效益的有力保障。随着新能源汽车产业不断发展壮大，动力蓄电池溯源信息数据量也在快速扩增，这极大地增加了各溯源环节责任主体企业在数据信息收集和填报方面的工作量，同时也对国家溯源平台的信息收集和管理能力提出更大挑战。为此，国家溯源平台结合现实问题，计划将区块链技术引入平台的数据管理程序中。

3.1　国家溯源平台建设情况

3.1.1　国家溯源平台功能架构介绍

　　2018 年初，工业和信息化部委托北京理工大学牵头启动国家溯源平台建设。同年 8 月 1 日，国家溯源平台正式上线运行，标志着我国新能源汽车动力蓄电池回收行业向规范化发展迈出重要的一步，为动力蓄电池回收利用溯源管理的有效实施提供了重要保障。

国家溯源平台依据新能源汽车动力蓄电池生产、销售、使用、报废、回收、利用等环节而设计，共收集全生命周期溯源信息 159 项数据（表 3-1），可对各环节主体履行回收利用责任情况实施监测。具体信息数据包括车辆生产信息、车辆销售信息、车辆维修信息、电池厂退役、回收网点退役、回收网点入库、换电入库信息、车辆换电记录、换电维修更换、换电电池退役、换电车辆 VIN、换电维修出库。

表 3-1　国家溯源平台收录数据项（共 159 项）

车载管理模块采集信息字段一览（87 项）			
车辆生产信息（12 项）	车辆销售信息（10 项）	二手车销售信息（10 项）	车辆维修信息（8 项）
VIN	VIN	VIN	VIN
电池包编码	车辆用途	车辆用途	维修更换日期
电池模块编码	销售日期	销售日期	状态（更换包 / 更换模块）
单体电池编码	销售地区	销售地区	原电池编码
车辆类型	号牌	号牌	原电池去向企业名称
车辆名称	所有人姓名	所有人姓名	原电池去向企业统一社会
车辆品牌	所有人身份证号	所有人身份证号	信用代码或 DUNS 编码
车辆型号	企业全称	企业全称	新电池编码
公告通用名称	企业统一社会信用代码	企业统一社会信用代码	新编码所含电池清单
公告批次号	企业地址	企业地址	
车辆制造日期			
厂商名称			
换电入库信息（5 项）	换电记录（6 项）	换电出库信息（7 项）	换电退役信息（7 项）
入库电池包编码	VIN	出库电池包编码	退役电池包编码
入库电池包所含电池清单	换电企业名称	出库电池包所含电池清单	退役电池包所含电池清单
入库时间	换电企业统一社会信用代码或 DUNS 编码	换电企业名称	换电企业
所属换电企业	换电日期（年月日 - 时分秒）	换电企业统一社会信用代码或 DUNS 编码	退役电池质量 /kg
所属换电企业统一社会信用代码或 DUNS 编码	原电池包编码	出库去向单位	电池类型
	换电电池包编码	出库去向单位统一社会信用代码或 DUNS 编码	退役去向单位
		出库日期	退役日期

（续）

车载管理模块采集信息字段一览（87 项）			
回收网点入库信息（5 项）	回收网点退役信息（8 项）	电池厂退役信息（9 项）	—
回收服务网点名称 回收服务网点统一社会信用代码 电池产品类型（包/模块/单体） 电池编码 入库日期	退役厂商 退役厂商统一社会信用代码 退役日期 退役类型(包/模块/单体) 电池类型（镍氢/磷酸铁锂/锰酸锂/钴酸锂/三元/钛酸锂/其他） 退役电池质量/kg 退役去向企业名称 退役去向企业统一社会信用代码或 DUNS 编码	退役厂商 退役厂商统一社会信用代码 退役类型（包/模块/单体） 电池类型（镍氢/磷酸铁锂/锰酸锂/钴酸锂/三元/钛酸锂/其他） 退役电池编码 退役电池质量 去向企业名称 去向企业统一社会信用代码或 DUNS 编码 退役日期	—

回收利用管理模块采集信息字段一览（72 项）			
整车报废电池信息 （5 项）	整车报废电池出库信息 （6 项）	梯次包生产信息 （11 项）	梯次模块生产信息 （11 项）
VIN 报废日期 电池包编码集 电池是否随车报废 电池未随车报废原因	出库电池是否有编码 电池包编码 无编码电池对应 VIN 电池包去向企业名称 电池包去向企业统一社会信用代码或 DUNS 编码 出库日期	梯次包编码 梯次应用领域 其他领域内容 梯次包去向企业名称 梯次包去向企业统一社会信用代码或 DUNS 编码 销售地区 构成方式 去向个人姓名 去向个人身份证号 电池包数据集 是否是电池成品	梯次模块编码 梯次应用领域 其他领域内容 梯次模块去向企业名称 梯次模块去向企业统一社会信用代码或 DUNS 编码 销售地区 去向个人姓名 去向个人身份证号 构成方式 电池模块数据集 是否是电池成品
梯次单体生产信息（9 项）	编码报废信息（5 项）	质量报废信息（5 项）	编码入库信息（7 项）
梯次单体编码 梯次应用领域 其他领域内容 梯次单体去向企业名称 梯次单体去向企业统一社会信用代码或 DUNS 编码 销售地区 去向个人姓名 去向个人身份证号 是否是电池成品	电池产品类型 电池编码 出库时间 电池去向企业名称 电池去向企业统一社会信用代码或 DUNS 编码	电池产品类型 出库质量/kg 出库时间 电池去向企业名称 电池去向企业统一社会信用代码或 DUNS 编码	电池产品类型 电池编码 入库时间 电池质量/kg 电池类型 统一社会信用代码或 DUNS 编码 备注

（续）

回收利用管理模块采集信息字段一览（72 项）			
质量入库信息（7 项）	回收资源信息（6 项）	—	—
入库日期 电池产品类型 电池数量 旧电池来源 统一社会信用代码或 DUNS 编码 电池类型 备注	再生日期 处理质量 废弃物去向 电池编码数据集 元素利用率数据集 电池个数	—	—

目前，国家溯源平台属一级构架，由"新能源汽车车载管理模块""电池回收利用管理模块"及"地方溯源履责监管模块"三部分组成（图 3-1）。

图 3-1　国家溯源平台官网（https://www.evmam-tbrat.com）

"新能源汽车车载管理模块"主要由汽车生产企业进行数据上报，能够对动力蓄电池服役阶段的信息数据进行整体管理与监控，是国家溯源平台数据收录管理的起点，全国范围内实施溯源管理的新能源车辆及动力蓄电池均由车辆管理模块开始进行信息的上报。因此，该部分是国家溯源平台数据量最大、信息最全、功能性最强的模块。

"电池回收利用管理模块"主要负责退役电池的回收、梯次利用、再生利用等后端信息的追溯与管理，主要由回收利用企业进行信息上报。两个模块接口互通、数据共享、适时校验，协作完成电池生产、车辆生产、车辆销售、电池维修更换、车辆报废回收及电池综合利用等相关溯源信息的采集。可实现动力蓄电池服役期间信息追溯，达到动力蓄电池产品来源可查、去向可追、节点可控、责任可究的目的。

"地方溯源履责监管模块"于 2020 年 5 月 6 日正式上线。该模块基于溯源数据分析各地区、企业履责情况，对有效推动新能源汽车动力蓄电池回收利用具有重要意义。

3.1.2　国家溯源平台建设及展示内容

截至 2020 年 12 月底，国家溯源平台在动力蓄电池溯源信息收录方面取得显著成效，注册企业数量达到 441 家，上传数据的企业共计 297 家。企业类型以新能源汽车生产企业为主，分布于 27 个省份（图 3-2）。

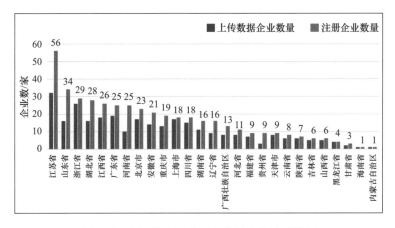

图 3-2　国家溯源平台部分省份企业注册情况

从国家溯源平台展示内容来看，分别包括国家、地方、企业三个层面。以国家层面为例，可以查看累计装车电池数量（套、包）、累计装车电池电量、不同类型电池材料装车数量（三元材料、磷酸铁锂、其他类型电池），还可以查看电池装车企业（电池厂商、整车厂商）排名、电池装车地方排名、商户流向排名、电池包装车／使用情况、电池类型占比情况等相关内容；国家溯源平台地方板块上主要展示内容包括各省份电池包装车数量、各省份电池包使用数量、环比及同比增长情况、动力蓄电池用途流向排名、动力蓄电池客户流向排名、电池包装车数量历年变化情况。从全国各省份电池包区域分布情况来看，主要可以展示各省份电池包装车分布情况、使用分布情况和回收网点分布情况等内容；国家溯源平台企业板块上主要展示内容包括某整车企业电池包装车数量、使用数量、在各省份的使用流向等情况。此外，还可以根据某一电池编号，溯源电池在装车、使用、维修、退役全生命周期的信息流向。

3.2 国家溯源平台数据管理现状

本报告基于国家溯源平台截至 2020 年 12 月 31 日新能源汽车和动力蓄电池接入数据进行分析。整体看来，动力蓄电池溯源体系初步建成，基本能够实现全国 90% 以上的电池信息录入，溯源整体管理可控。

3.2.1 新能源汽车接入情况

（1）不同省份车辆接入情况

截至 2020 年 12 月 31 日，国家溯源平台累计接入 543.66 万辆新能源汽车。从各省份动力蓄电池累计装机车辆排行情况来看（图 3-3），新能源汽车推广区域排名前三的分别为上海市、广东省、北京市，装机车辆分别为 69.70 万辆、64.98 万辆、62.14 万辆，动力蓄电池装机车辆数量合计为 196.82 万辆，占全国装机车辆的比例为 36.20%。排行前十位的省份动力蓄电池装机车辆合计为 426.43 万辆，占全国装机车辆的比例为 77.94%。

从国家溯源平台排名前三的上海市、广东省、北京市的典型整车企业装机车辆情况来看，上海市上海汽车集团股份有限公司、特斯拉（上海）有限公司、上海蔚来汽车有限公司车辆装机量位居前三位，车辆装机量分别为 20.60 万辆、13.24 万辆、7.75 万辆；广东省比亚迪汽车工业有限公司、广汽乘用车有限公司、广州小鹏汽车科技有限公司装机量位居前三位，车辆装机量分别为 41.55 万辆、10.17 万辆、2.87 万辆；北京市北京汽车股份有限公司、北京新能源汽车股份有限公司整车装机量位居前两位，车辆装机量分别为 24.41 万辆、22.58 万辆。

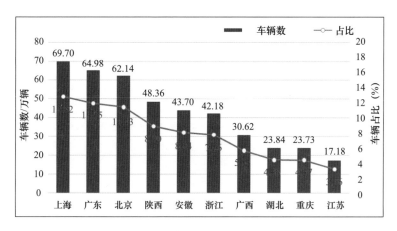

图 3-3　动力蓄电池装机车辆排行情况

从各省份近 3 年动力蓄电池装机车辆变化情况来看（表 3-2），乘用车领域，2020 年上海市、广西壮族自治区动力蓄电池累计装机车辆数量明显提升。其中，上海市 2020 年装机车辆数量达到 27.49 万辆，同比增长 111.69%，主要是由于特斯拉、蔚来等整车企业装机车辆数量快速增长；广西壮族自治区 2020 年装机车辆数量相较于 2019 年快速增长，2020 装机车辆数量为 18.61 万辆，同比增长 198.87%，主要是由于上汽通用五菱小型纯电动汽车装机量快速增长；专用车领域，从 2020 年各省份装机车辆数排行来看，重庆市排在第一位，装机车辆数量为 1.43 万辆，同比增长 79.66%；客车领域，河南省客车一直稳居装机量首位，主要是由于宇通客车装机量规模大。

（2）不同类型车辆接入情况

新能源乘用车为动力蓄电池装机主流车型。新能源乘用车产品质量提升、消费者环保理念提升等因素带动新能源乘用车市场蓬勃发展，从不同应用类型车辆累计生产情况来看（图 3-4），截至 2020 年 12 月 31 日，新能源乘用车累计生产车辆占比达到 80.41%；其次为客车和专用车领域，累计生产车辆占比分别为 10.82% 和 8.77%。

表 3-2　各省份近 3 年动力蓄电池装机车辆变化情况　（单位：辆）

类型	2018 年装机车辆	2019 年装机车辆	2020 年装机车辆
乘用车	北京 154663；上海 143216；陕西 128672；安徽 117114；广东 105673；浙江 82999；江西 47683；湖北 44272；重庆 44247；湖南 33818	北京 181851；广东 159233；上海 129879；陕西 95632；浙江 90997；安徽 87412；广西 62267；湖北 54075；吉林 43287；河北 42617	上海 274949；广西 186098；广东 185607；陕西 59358；河北 56939；浙江 54298；重庆 51527；吉林 40627；安徽 38106；北京 30892
专用车	安徽 20161；湖北 19402；江苏 12674；陕西 11104；重庆 8524；四川 5784；河南 5289；江西 3834；上海 3503；山东 2473	安徽 12114；重庆 7945；湖北 6901；四川 6653；江苏 6576；江西 6253；河南 4026；广东 3229；北京 2769；河北 2748	重庆 14274；安徽 4780；上海 4388；江苏 4004；广西 2806；福建 2731；北京 1348；四川 1337；河南 1314；山西 1104
客车	河南 24477；广东 20248；江苏 11053；福建 8663；山东 8175；湖南 5635；上海 5273；四川 2727；北京 2542；安徽 2470	河南 21233；江苏 9014；山东 8079；广东 6642；福建 6345；上海 5690；湖南 4910；北京 3718；安徽 2546；四川 2298	河南 13135；江苏 7543；福建 6024；上海 5685；广东 4060；山东 3554；安徽 3252；北京 1948；湖南 967；江西 899

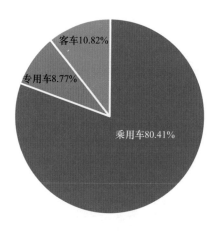

图 3-4　不同应用类型车辆累计生产情况

个人消费需求快速释放带动新能源乘用车生产量占比快速增长。从国家溯源平台不同类型车辆历年生产量占比情况（图 3-5）来看，2020 年新能源乘用车占比达到 91.16%，相较于 2016 年提高了 24.81 个百分点。新能源专用车和客车生产量占比呈现逐年缩小的趋势。

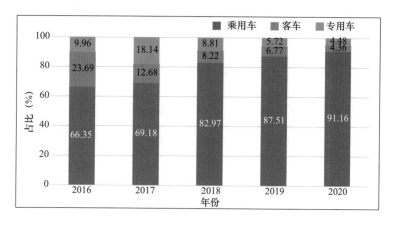

图 3-5　不同类型车辆历年生产量占比情况

纯电动汽车主力车型及新产品的驱动效果显著，纯电动汽车生产量占绝对优势。从不同驱动类型车辆历年生产量占比变化情况（图 3-6）来看，纯电动汽车历年生产车辆占比均在 90% 以上，2020 年纯电动汽车生产份额为 92.57%。2020 年插电式混合动力汽车和燃料电池汽车的车辆占比分别为 7.33% 和 0.10%。

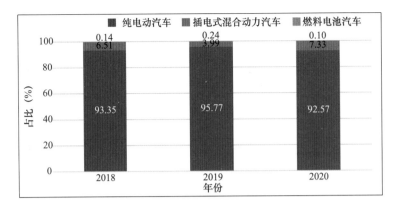

图 3-6　不同驱动类型车辆历年生产量占比变化情况

（3）不同企业车辆累计接入情况

从动力蓄电池配套的整车企业装机生产及占比排行来看（图 3-7），比亚迪汽车、比亚迪工业、上汽通用五菱三家企业的新能源汽车生产数量排在前三位，累计生产车辆数分别为 44.14 万辆、41.55 万辆、35.87 万辆，占车辆累计接入总量的比例分别为 7.80%、7.34%、6.34%。

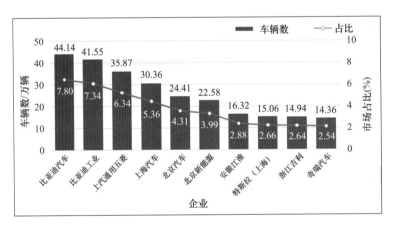

图 3-7　整车企业生产车辆数量及占比排行

2020 年，典型整车企业车辆生产量均显著高于前两年企业车辆生产量。从近 3 年前五企业生产量及全国占比来看（图 3-8），2020 年上汽通用五菱车辆排在首位，为 18.01 万辆，占全国新能源汽车生产量的 15.47%。其次是特斯拉汽车和比亚迪工业，生产车辆数分别为 13.15 万辆和 10.13 万辆，占比分别为11.3% 和 8.71%。

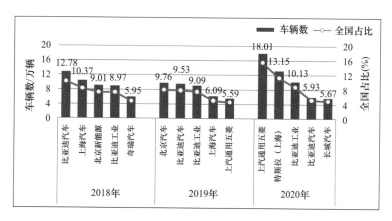

图 3-8　近 3 年前五企业生产车辆数及全国占比

3.2.2　动力蓄电池接入情况分析

（1）动力蓄电池历年累计装机电量变化情况

截至 2020 年 12 月 31 日，国家溯源平台累计装机电量达到 275.57GW·h。从近 5 年的装机电量（图 3-9）看，我国动力蓄电池产业稳步发展，2018 年、2019 年、2020 年装机电量分别达到 59.41GW·h、64.75GW·h、56.23GW·h。

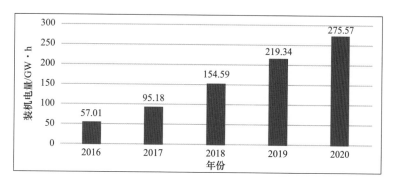

图 3-9　动力蓄电池历年累计装机电量变化情况

注：数据选取时间由于企业数据上报存在滞后性，2020 年数据可能存在一定程度误差。

（2）2020年动力蓄电池月度装机电量变化情况

从2020年动力蓄电池月度装机电量统计情况（图3-10）来看，上半年受新冠疫情影响，各月动力蓄电池装机量均小于5GW·h，处于较低水平。尤其是2020年2月份，新冠疫情暴发阶段，各地生产企业受到较大影响，动力蓄电池装机电量仅有0.73GW·h。伴随着新冠疫情得到快速控制，从2020年6月开始，整车企业动力蓄电池装机量呈现快速提升趋势。2020年12月，装机电量达到当年最高点，为9.45GW·h。

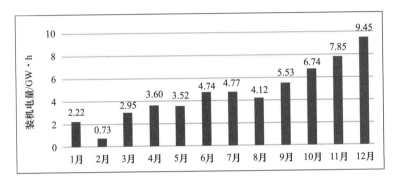

图3-10　2020年动力蓄电池月度装机电量统计情况

（3）不同类型动力蓄电池装机电量情况

国家溯源平台接入电池类型包含三元电池、磷酸铁锂电池以及其他类型电池，三元电池为电池装机量主流类型。根据不同类型电池累计装机电量及全国占比（图3-11）来看，截至2020年12月31日，三元材料电池累计装机电量占比最大，达到46.77%；其次为磷酸铁锂电池，占比34.54%；其他类型电池合计占比18.69%。

从国家溯源平台近3年不同类型电池装机占比变化情况（图3-12）来看，三元电池装机量一直保持较高的占比，历年装机量占比均达到50%以上。受补贴退坡影响，新能源汽车补贴力度与动力蓄电池能量密度强挂钩的效应相应减弱，磷酸铁锂电池以其经济、安全、能量密度"够用"的特点，重新受到市场重视。2020年，磷酸铁锂电池装机电量占比为32.8%，相较于2019年呈现回升趋势。

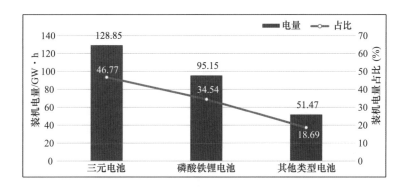

图 3-11 不同类型电池累计装机电量及全国占比

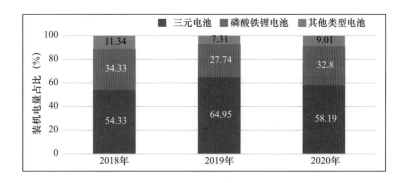

图 3-12 近 3 年不同类型电池装机占比变化情况

2020 年国家溯源平台电池生产企业装机份额（表 3-3）显示，宁德时代在三元电池和磷酸铁锂电池装机份额均占据首位。三元材料电池领域，2020 年宁德时代电池装机电量达到 10.39GW·h，全国电池装机电量占比达到 32.0%；磷酸铁锂电池领域，2020 年宁德时代电池装机电量达到 6.41GW·h，全国电池装机电量占比达到 38.5%。这一现象的主要原因是由于 2020 年第 333 批《道路机动车辆生产企业及产品公告》中，特斯拉 Model 3 磷酸铁锂版车型电池主要由宁德时代供应，2020 年该车型量产 3 万余辆，电池装机量达到 2GW·h以上。此外，比亚迪旗下子公司重庆弗迪电池生产企业，2020 年磷酸铁锂电池装机电量为 2.35GW·h，占全国电池装机份额为 14.1%。

表 3-3　2020 年国家溯源平台电池生产企业装机份额

序号	三元电池		磷酸铁锂电池	
	企业名称	装机份额（%）	企业名称	装机份额（%）
1	宁德时代	32.0	宁德时代	38.5
2	青海比亚迪	10.6	重庆弗迪	14.1
3	肇庆小鹏	4.8	合肥国轩	11.0
4	中航锂电	4.0	深圳市比亚迪	4.7
5	华霆（合肥）动力	2.4	江苏时代	3.1

（4）不同用途车辆类型的动力蓄电池装配占比情况

不同类型电池因其具备各自特性，被应用到不同的车辆类型（图 3-13）中。三元电池具备较高的能量密度，可有效提高车辆续驶能力，被乘用车领域广泛应用。从国家溯源平台统计数据来看，截至 2020 年 12 月 31 日，乘用车领域三元电池装机电量占比超过 75%；客车领域，一般应用场景路线相对固定，对车辆续驶能力可适当放宽条件，但由于车辆带电量大及载客性质，对电池的安全性能要求较高，磷酸铁锂电池是理想选择。截至 2020 年 12 月 31 日，客车领域磷酸铁锂电池装机电量占比超过 65%；专用车领域，三元电池和磷酸铁锂电池装机电量均占有较高的比重，分别为 40.31% 和 44.67%，其他类型电池占比 15.02%。

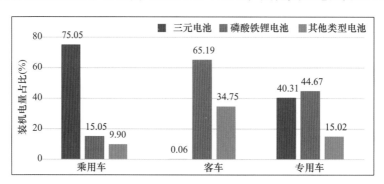

图 3-13　各类型电池累计装机车辆类型占比

从国家溯源平台近 3 年不同类型车辆电池装机电量占比变化（图 3-14）来看，乘用车领域，2018 年、2019 年、2020 年三元电池装机占比分别为 84.12%、90.64%、72.02%。2020 年三元电池装机电量占比呈现下降趋势，相较于 2019 年下降 18.62 个百分点。2020 年，磷酸铁锂电池在乘用车领域的装机电量占比扩大，呈现回归趋势；客车领域，磷酸铁锂电池装机电量占比较为稳定，并且呈现逐渐扩大的趋势。2020年，客车领域磷酸铁锂电池装机电量占比为83.17%，相较于2019年提高0.36个百分点；专用车领域，伴随着补贴政策逐渐退坡，电池能量密度发展趋势逐渐回归市场导向，不再一味追求高能量密度。从2020年专用车电池装机类型来看，磷酸铁锂电池装机电量占比为77.01%，与2019年基本持平，相较于2018年有大幅提升。

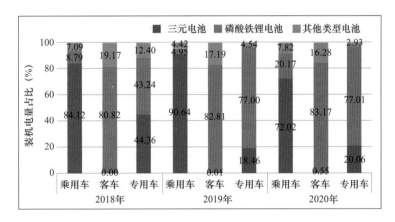

图 3-14 近 3 年不同类型车辆电池装机电量占比变化

（5）不同驱动类型的动力蓄电池装配情况

不同驱动类型车辆电池装配情况显示（图 3-15），纯电动汽车领域，三元电池、磷酸铁锂电池装机电量占比分别达到 54.86% 和 42.73%，三元电池装机电量占比相对较高；插电式混合动力汽车领域，三元电池装机电量占比达到74.48%，占主导地位。

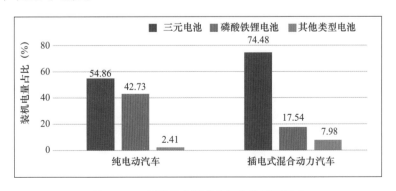

图 3-15 不同驱动类型车辆电池装配情况

（6）不同形状的动力蓄电池装配情况

从不同动力蓄电池包装形态进行划分（图3-16），目前行业内动力蓄电池包装形态主要有方形、圆柱形、软包电池等类型。其中，方形电池因工艺成熟、体积利用率高、安全性好等优势，累计装机电量为231.53GW·h，占比达到84.02%；其次为圆柱形电池，电池装机电量为37.39GW·h，占比13.57%；软包电池装机电量为6.64GW·h，占比2.41%。

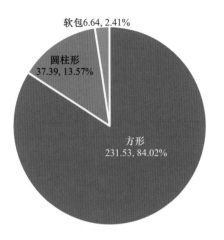

图3-16 不同包装形态电池累计装机电量（GW·h）及占比

从全国不同包装形态典型动力蓄电池企业装机电量情况（图3-17）来看，宁德时代电池在方形和软包电池领域均占据首位，占比分别达到42.31%和29.75%。方形电池领域，比亚迪电池装机电量占比为25.25%，也占有较高的比重；软包电池领域，国轩高科、河南锂动的电池装机量占比相对较高，分别为18.32%和12.11%；在圆柱形电池领域，典型电池生产企业电池装机电量占比份额相对均衡，占比前五位的企业分别为深圳沃特玛、深圳比克、天津力神、国轩高科、远东福斯特。

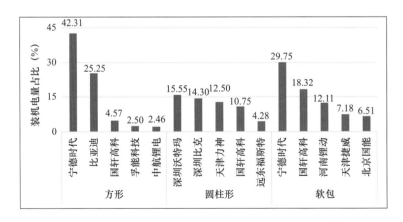

图3-17 全国不同包装形态典型动力蓄电池企业装机情况

（7）不同企业的动力蓄电池装配情况

从国家溯源平台全国电池企业累计装机电量情况（图 3-18）看，电池装机电量逐渐向头部企业集中。排名前十位的企业电池装机占比达到 70.6%，其中宁德时代和比亚迪两家企业，电池累计装机电量占比分别为 34.67% 和 20.57%，电池装机电量占全国的占比超过半数。其他自主品牌电池企业装机电量占比相对均衡，伴随着日韩等电池企业在国内整车的配套数量有所上升，预计其他自主品牌电池企业的竞争日益激烈。

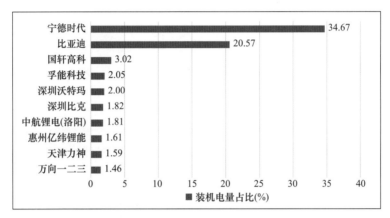

图 3-18　各电池企业（前十）累计装机电量占比

从典型电池生产企业累计配套整车企业的数量分布（图 3-19）来看，宁德时代配套整车企业数量最多，达到 144 家；其次为天津力神，配套整车企业数量达到 78 家；国轩高科配套整车企业数量为 72 家。

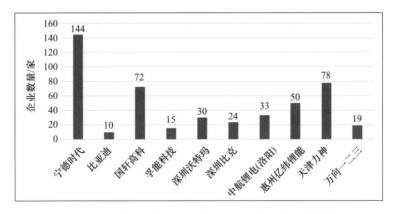

图 3-19　典型电池生产企业累计配套整车企业的数量分布

从国家溯源平台近 3 年动力蓄电池装机电量占比变化情况（图 3-20～图 3-22）来看，近 3 年动力蓄电池企业头部企业集聚效应明显。其中，宁德时代装机电量占比总体呈现扩大趋势，2018 年电池装机电量占比为 41.30%，2019 年和 2020 年装机量占比呈现逐年增长趋势。比亚迪的电池装机电量占比略有下降，2018 年电池装机电量占比为 20.45%，2020 年装机量占比为 14.90%。伴随着比亚迪刀片电池在多款车型配套数量的快速增长，预计比亚迪电池装机电量占比将会有所回升。

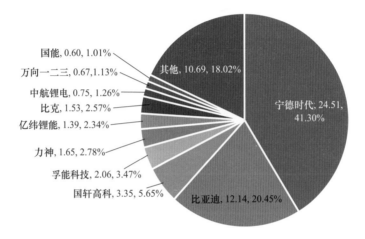

图 3-20　2018 年动力蓄电池装机电量（GW·h）及占比

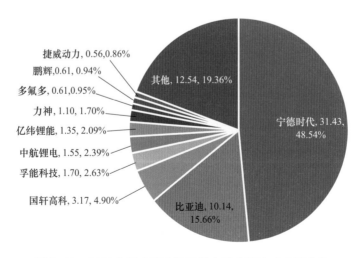

图 3-21　2019 年动力蓄电池装机电量（GW·h）及占比

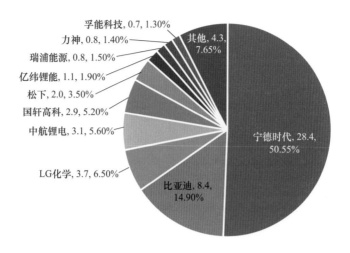

孚能科技, 0.7, 1.30%
力神, 0.8, 1.40%
瑞浦能源, 0.8, 1.50%
亿纬锂能, 1.1, 1.90%
松下, 2.0, 3.50%
国轩高科, 2.9, 5.20%
中航锂电, 3.1, 5.60%
LG化学, 3.7, 6.50%
其他, 4.3, 7.65%
宁德时代, 28.4, 50.55%
比亚迪, 8.4, 14.90%

图 3-22   2020 年动力蓄电池装机电量（GW·h）及占比

3.2.3   电池回收管理概况

（1）回收企业统计

截至 2020 年 12 月 31 日，共有 310 余家报废机动车回收拆解企业（以下简称回收拆解企业）、60 余家梯次利用企业和 60 余家再生利用企业完成国家溯源平台注册。总体来看，当前回收拆解企业主要分布于湖南省、广东省、云南省、黑龙江省和江西省等；梯次利用企业主要分布于广东省、江苏省、湖南省、浙江省和上海市等；再生利用企业主要分布于广东省、湖南省、江西省、江苏省和湖北省（图 3-23）。

（2）回收网点统计

截至 2020 年 12 月 31 日，全国范围内回收网点共建设 9067 个，分布在 31 个省、市及自治区。从前十名省市回收网点建设情况（图 3-24）来看，回收网点总计为 5467 个，占全国总量的 60%。其中，广东省有 929 个，排名第一。

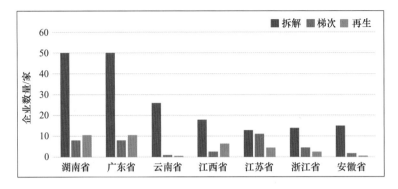

图 3-23　主要省市电池回收处理注册企业数量

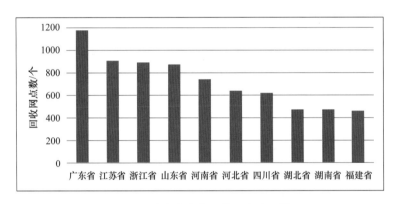

图 3-24　前十名省市回收网点建设情况

（3）整车报废统计

截至 2020 年 12 月 31 日，20 余家报废机动车回收拆解企业累计回收拆解新能源汽车 1900 余辆。其中，未带电池报废车辆 720 余辆。企业共拆解电池包 1700 余个，其中 71% 已移交至综合利用企业处理。总体来看，累计报废拆解车辆主要来源于广东省、江苏省、四川省、湖南省、湖北省、浙江省、北京市和上海市（图 3-25）。

（4）梯次利用统计

截至 2020 年 12 月 31 日，20 余家梯次利用企业累计上传 2.2 万个单体、23 万余个模组及 2.9 万个包级的梯次产品生产销售信息。累计上传量排名前五的企业分别为深圳市比亚迪锂电池有限公司、安徽绿沃循环能源科技有限公司、中天鸿锂清源股份有限公司、上海比亚迪有限公司、江苏欧力特能源科技有限公司（图3-26）。

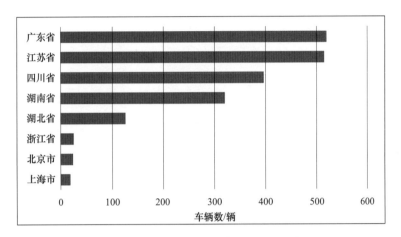

图 3-25　报废新能源汽车主要省市分布

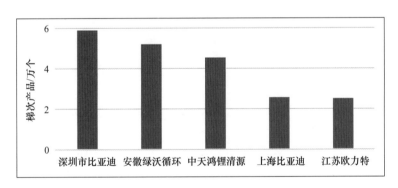

图 3-26　梯次产品生产销售上传量排名前五的企业

（5）产品应用统计

截至2020年12月31日，从模组级梯次产品（图3-27）看，主要类型为磷酸铁锂电池和三元电池。其中磷酸铁锂电池占比63%，三元电池占比35%，其他电池占比2%。主要应用领域为储能领域、基站备电和低速动力，其中低速动力占比44%，基站备电占比37%，储能领域占比18%（图3-28），产品主要销售至北京市、广东省、上海市、江西省和湖北省。

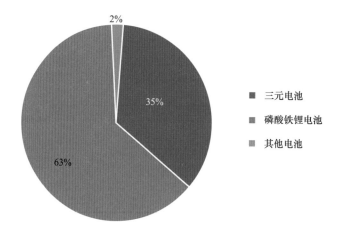

图 3-27 模组级梯次产品 - 主要类型

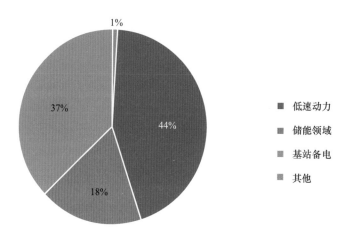

图 3-28 模组级梯次产品 - 主要应用领域

（6）再生利用情况

截至 2020 年 12 月 31 日，全国 20 余家再生利用企业累计上传约 3.4 万 t 废旧动力蓄电池入库信息，其中约 2.5 万 t 已再生处置。已处置的废旧动力蓄电池主要类型为三元电池，占比达到 98%；其余为磷酸铁锂电池。

从企业再生利用处置信息情况来看，再生利用处置信息累计上传量排名靠前的企业分别有惠州市恒创睿能环保科技有限公司、广东光华科技股份有限公司、广东佳纳能源科技有限公司、江门市恒创睿能环保科技有限公司和衢州华友资源再生科技有限公司等企业，前十家企业电池累计处置数量占整体处置量的 99%（图 3-29）。

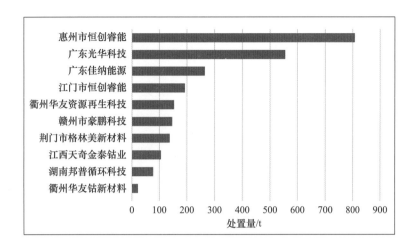

图 3-29　电池累计处置数量（前十）企业排行

3.3　基于区块链技术的动力蓄电池溯源管理应用情况

3.3.1　基于区块链的动力蓄电池溯源管理具有重要意义

传统溯源一直存在数据中心化存储、信息闭塞、不可防篡改等突出问题。近两年来，随着区块链技术在我国的发展态势日趋成熟，实体经济领域的落地应用也越来越广泛。溯源一直被认为是区块链技术最先落地的应用场景之一。

区块链凭借技术优势，为溯源管理带来了诸多便利。将区块链技术引入电池溯源管理中，从底层技术逻辑，到上层应用管理，得到了诸多升级与可靠保障。

一是全生命周期信息有效记录。区块链中信息的记录及生成方式，是将数据打包成块，同时加上时间戳，形成链式结构。与电池全生命周期各环节规律特性高度匹配。从电池的生产、装机使用、维修替换，到退役回收再利用，以时间戳为记录依据，形成一套自然管理机制。同时，因其去中心化的特性，也为各环节企业提供信息录入的便利，让全过程信息录入变得更轻松。

二是增加信用背书。在电池溯源信息记录中，各环节信息一旦上链，便无法篡改，有效消解了中心化机构权力。企业之间彼此监督，信任成本有效降低。

三是令各环节权责更加明晰。区块链技术使电池溯源信息不可篡改、公开透明。一旦某一环节企业出现问题，很容易顺链查验出来，责任界定工作也就变得更加轻松。

四是降低企业数据上报难度。企业在进行电池溯源信息上报工作中，只需要将本企业所涉及的环节信息进行匹配校验并上传，其他环节信息可由上下游企业自主上报，大大降低了企业数据管理与上报难度。

以区块链技术为基础，以行业服务为宗旨，构建电池溯源区块链综合信息服务平台，打破了电池溯源各环节主体企业间的体系壁垒，使得各责任主体以较低的成本完成数据的互联互通，有助于完善现有电池溯源管理系统，为管理体系带来巨大变革。

3.3.2 基于区块链技术的动力蓄电池企业行业溯源管理应用情况

区块链服务于行业上下游各区块链节点，动力蓄电池从生产到回收全生命周期溯源各环节的参与企业均可通过区块链服务平台进行溯源信息的填报和管理，形成涵盖动力蓄电池全生命周期的信息链，为促进新能源汽车行业的管理规范以及健康发展，推动动力蓄电池梯次利用和再生利用进程做出重要支撑。基于区块链平台的可靠性、权威性和业务广泛性，以更大限度地发挥行业服务价值为目标，将在企业认证、电池认证、后端市场服务等方面进行研究和创新应用，为电池之家交易平台、回收利用企业、二手车商、保险公司等提供信息溯源、电池认证、电池状态评估查询服务，并逐步延伸为全国电池溯源后市场服务的标准，向前推动企业侧的溯源服务。

目前，基于区块链技术的动力蓄电池溯源管理正在加快推进，采用区块链技术，可以明确数据权属，保障企业数据的隐私和安全性，探索新能源电池中贵金属材料的可追溯性、开展新能源二手车残值评估及动力蓄电池梯次利用。

3.4　基于动力蓄电池溯源数据的电池退役量预测

目前，行业内关于新能源汽车动力蓄电池退役量预测多以车辆服役 5 年或 8 年标准进行粗略预测，退役量预测数据与市场实际退役量有较大偏差。由于不同车辆类型、不同驱动类型、不同电池类型、不同使用性质的新能源汽车退役时间存在较大差异，因此将所有车型按统一服役年限标准计算得到动力蓄电池退役量预测精准度存在不足。本报告基于国家溯源平台动力蓄电池装机量基础数据库，从不同研究维度分别制定电池退役标准和电池退役量预测方法，对行业开展电池退役量预测具有一定的参考意义。

3.4.1　基于动力蓄电池溯源数据的电池退役量预测方法

基于新能源汽车动力蓄电池溯源数据开展电池退役量预测主要包括以下两种方式。

（1）基于不同类型车辆的动力蓄电池装机量开展电池退役量预测

首先，完成动力蓄电池装机量基础数据库分类整理。依托国家溯源平台，建立不同类型车辆的动力蓄电池装机量基础数据库，将每年度动力蓄电池装机量按照不同分类标准分别细化车型类别：

1）不同车辆类型：乘用车、客车、专用车等。

2）不同驱动类型：纯电动汽车、插电式混合动力汽车、燃料电池汽车等。

3）不同电池类型：三元电池、磷酸铁锂电池等。

4）不同使用性质：营运性质、非营运性质。

其次，明确电池退役标准。依据不同类型车辆特点，结合不同阶段车辆动力蓄电池技术成熟度制定每年度不同类型车辆的退役标准，同时依据国家溯源平台每年新能源汽车维修更换电池数据制定年度维修更换率，将维修更换数据融入电池退役量预测中。

最后，基于动力蓄电池装机量基础数据库，结合退役标准开展动力蓄电池退役量预测。根据基础数据库划分维度，可同时基于不同地区、不同企业、不同电池类型等开展矩阵式多维度电池退役量预测。同时，可将预测数据与当前动力蓄电池市场已退役数据进行对比分析，对电池退役评价标准进行动态优化。

（2）基于单个车型的实际运行情况开展电池退役量预测

基于单个车型的实际运行情况的退役量预测，需要同时依托国家溯源平台和新能源汽车国家监测与管理平台，其预测颗粒度更精细，预测结果更加精确。

首先，依托两个平台建立单个车型数据库，包括车型基础数据、车辆运行数据及车辆状态数据。其中，车型基础数据包括车辆类型、驱动类型、电池类型及使用性质等；车辆运行数据包括车辆行驶里程、车辆使用年限及车辆行驶区域等；车辆状态数据包括电池容量衰减状态（SOC）等。

其次，建立单个车型电池退役预测模型。从车型基础数据、车辆运行状态等不同维度出发设定综合判定阈值，同时融入动力蓄电池健康度评价，预测动力蓄电池维修更换时间。

最后，基于单个车型数据库和退役模型综合预测单个车型的电池退役时间，也可同时开展分地区、分企业、分电池类型车型的电池退役量预测。

3.4.2 新能源汽车动力蓄电池退役量精准预测的意义

开展新能源汽车动力蓄电池退役量的准确预测，对于政府端、行业端、企业端都有重要价值,有利于新能源电池回收利用体系的不断完善。

一是准确、权威的电池退役量预测数据能够为政府部门制定相关政策提供重要参考依据。通过基于动力蓄电池总体退役量的预测数据作为参考,开展全国及地区电池生产、配套及回收利用产业总体布局的优化,完善相关配套政策体系;此外,基于动力蓄电池预测数据,政府部门与行业共同完善动力蓄电池回收利用体系。

二是有利于企业端优化全国电池回收利用产能布局,实现产业链闭环管理。作为动力蓄电池回收企业产能布局和市场开拓的重要依托,电池回收企业可以依据各地区的电池退役量预测数据,开展全国电池回收利用产能布局;此外,依据各整车企业电池退役量预测数据,电池回收企业可以与相关整车企业形成有力联合,实现从电池材料生产、电池配套装车到电池回收利用产业链的闭环管理。

三是作为产业投融资的重要参考,新能源电池退役量预测有助于产业绿色低碳金融产业快速发展,进一步优化产业生态。动力蓄电池作为新能源汽车的核心部件,其回收利用产业与清洁环保、低碳节能密切相关。开展新能源电池退役量预测,定期对行业公布权威的电池退役量预测数据,有利于动力蓄电池产业投融资结构优化,增强产业资金流动性、推进回收利用及环保技术改进,推动低碳环保金融产业向广度和深度进一步发展,实现动力蓄电池回收利用的"双碳"目标。

3.4.3 基于不同类型车辆动力蓄电池装机量的退役量预测结果

现阶段,专委会应用"基于不同类型车辆动力蓄电池装机量开展退役量预测"方法,计算得出 2021—2025 年新能源汽车动力蓄电池累计退役量预测(图 3-30)。经预测,2025 年新能源汽车动力蓄电池累计退役量将达71.9 万 t。

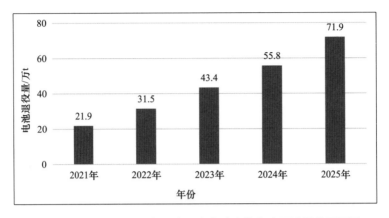

图 3-30　2021—2025 年新能源汽车动力蓄电池累计退役量预测

第4章 产业发展

近年来，随着动力蓄电池退役量逐步上升，从事电池回收和梯次利用的企业数量不断增加，产业发展正在提速，大量企业开展探索实践。本报告对新能源电池梯次利用产业、再生利用产业以及新能源电池回收利用创新技术分别进行分析，并提出针对新能源电池回收利用产业健康可持续发展的建议。

4.1 新能源电池梯次利用发展趋势

4.1.1 梯次利用产业现状分析

（1）新能源电池梯次利用政策现状

新能源电池生命周期一般包括生产、使用、报废、梯次利用以及拆解回收等环节。梯次利用，是指对废旧新能源电池进行必要的检验检测、分类、拆分、电池修复或重组为梯次产品，使其可应用至其他领域的过程[⊖]。对退役新能源电池进行梯次利用，能够发挥其最大利用价值，实现循环经济的利益最大化（图4-1）。

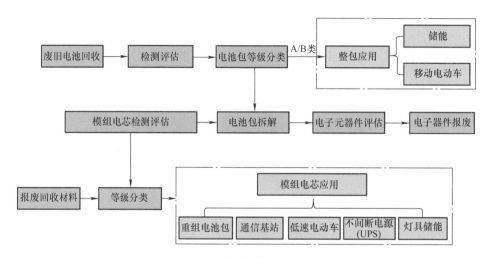

图4-1　新能源电池梯次利用过程

2018年出台的《新能源汽车动力蓄电池回收利用管理暂行办法》中，提出退役动力蓄电池的利用应遵循先梯次利用，后再生利用的原则。2020年，工业和信息化部发布的《新能源汽车动力蓄电池梯次利用管理办法（征求意见稿）》对梯次利用的企业条件、梯次产品要求、回收利用以及监督管理进行了明确的规定，有利于加强新能源汽车动力蓄电池梯次利用企业的管理水平，逐步完善梯次利用体系各个环节，保障梯次利用电池产品的安全性。

为了贯彻落实废旧动力蓄电池梯次利用政策，一些地方政府结合当地实际情况，进一步细化退役动力蓄电池梯次利用要求，也依次出台了退役动力蓄电池梯次利用的地方政策。政策重点集中在两个方面：

一是注重梯次利用关键技术研发。地方政策旨在通过政策实施，推进废旧动力蓄电池检测、分选、拆解、重组等技术的研究，加快对电池状态跟踪和电池退役量预测研究，鼓励企事业单位加快研制循环梯次及回收的标准体系，加

⊖ 资料来源：工业和信息化部于2020年10月发布的《新能源汽车动力蓄电池梯次利用管理办法（征求意见稿）》。

强研究成果转化，建设示范项目。

二是建立网络交易平台和动力蓄电池产品信息数据库。充分发挥互联互通和互联网资源共享特性，建立废旧动力蓄电池交易和回收平台，便于进行线上交易和交流，为行业带来便利；通过构建动力蓄电池产业回收网络体系信息数据库，可以实现动力蓄电池产品来源及去向追踪，提升动力蓄电池梯次利用的监控性能。

（2）新能源电池梯次利用应用领域

目前，行业相继在电力系统储能、通信基站备用电源、低速电动车以及小型分布式家庭储能、风光互补路灯、移动充电车、电动叉车等领域，开展梯次利用示范工程建设和商业模式探索。从应用形式上看，按照动力蓄电池的级别和各应用领域使用需求主要分为三种情况：

一是将动力蓄电池整包直接梯次利用，主要应用于电网系统储能领域。储能装置电池组容量通常在兆瓦时级别，退役动力蓄电池在带电容量、尺寸结构等方面，均较为适宜整包级别的应用需求，还能实现较为明显的降低系统搭建成本。

二是将废旧动力蓄电池包拆解成模组级别，应用于低速电动车等领域。相较原低速车使用铅酸电池作为动力来源，退役锂离子电池在循环次数、容量及模组一致性等方面具有显著产品性能和使用成本优势。

三是将废旧动力蓄电池包拆解成单体级别，应用于二轮电动车、路灯等领域。梯次利用废旧动力蓄电池来源方面，现阶段主要包括退役电池、次品电池、试验电池等，由于退役规模仍然较低，梯次利用生产原料仍显不足，大部分运营项目采用测试电池或新旧动力蓄电池混用的方式来开展。

2015 年，新能源汽车市场开始快速发展，由于动力蓄电池服役电动汽车的使用寿命一般为5~8 年，因此大范围动力蓄电池淘汰应该在 2020 年开始，未来动力蓄电池梯次利用市场潜力巨大。尽管梯次利用动力蓄电池的前景广阔，但是实践起来仍有困难。退役动力蓄电池的规格和性能参差不齐，检测配比难度高，电压均衡难以实现，回收流程难以制约，退役动力蓄电池梯次利用产业化难度较大。通信基站、电网储能和低速车等领域是大规模消纳退役电池的有效手段，可以最大化发挥电池全寿命周期价值。因此，需要出台有关梯次利用完整的技术标准体系或规范，引领梯次利用电池产业的健康发展，从而确保梯次利用动力蓄电池的后期安装及使用安全性。

4.1.2　梯次利用产业布局

梯次利用企业是指对废旧新能源电池进行必要的检测、分类、拆解和重组，使其可应用于其他领域的企业，包括梯次利用电池产品生产企业和应用企业。

目前，梯次利用领域的企业数量众多，主要包括产业链上下游以及储能等相关领域企业。一是新能源汽车生产企业，如比亚迪、北汽新能源、郑州宇通等，为挖掘本企业生产车辆退役电池的残余价值，将其梯次利用于光伏储能、充（换）电站等领域；二是动力蓄电池生产企业，如力神动力、国轩高科等，利用本企业动力蓄电池的研发生产技术基础，延伸扩展至梯次利用领域；三是电化学储能企业，如普兰德、江苏慧智能源等，利用本企业在电池储能领域的业务优势，开发梯次利用储能产品；四是综合利用企业，如湖北格林美、浙江华友钴业等，具备一定的客户资源及拆解等技术基础，由从事再生利用扩展至梯次利用；五是梯次产品应用企业，如中国铁塔股份有限公司（简称中国铁塔）、国家电网有限公司（简称国家电网）等，对于梯次产品有较大需求，在应用梯次产品过程中积累了一定的技术储备，与其他企业合作开发适合本企业使用的梯次产品。

据统计，截至 2020 年底，全国已有 150 多家企业被选为试点企业，进行退役动力蓄电池梯次产品研究开发。中国铁塔和国家电网率先使用梯次产品进行备电，目前已成为退役动力蓄电池梯次利用的主要企业。北京、广东、江西等省份企业均加快梯次利用建设步伐，开展电池梯次产品研究，形成循环产业链。

在梯次利用商业探索方面，目前我国动力蓄电池梯次利用商业运营模式呈全链条体系，在电池来源方建立完善的追踪系统来确保电池来源可查可追，处于上下游关键位置的电池回收提供商来保证电池的回收、筛选和再装配 3 个环节有序运行。在电池筛选过程中，通过采集电池梯次利用用户端数据来完善回收电池评价和数据管理。国外都在积极探索电池梯次利用的商业发展模式，一些发达国家如日本、美国等已经实现了商业性质项目的落地实施。我国虽然起步稍晚，但是随着相关政策的落地及各地政府的跟进，中国在退役电池梯次利用领域也逐步实现商业化。

4.1.3 新能源电池梯次利用典型案例

国内针对废旧新能源电池梯次利用的研究分析已经进行了十余年，积累了一定的理论基础，并开展了一系列工程建设。

（1）国家电网有限公司

在电网储能领域中，国家电网积极推进动力蓄电池储能示范工程建设，相继在杭州、南京、宁波、四川、张北、北京等城市建设电池梯次利用储能电站示范项目，以实现削峰填谷的功能和为电网提供辅助服务。此外，国家电网通过组建退役动力蓄电池分选评估技术平台和制定电池分配重组技术规范，致力于建设高效安全的电池管理系统。

以杭州为例，2019 年 10 月 30 日，国家电网在杭州投资建设的"光储充"一体化充电站通过验收，正式投入使用。这一新型电动汽车充电站集成了多项先进技术，包括储能电池、充电桩智能充放电、光伏发电等。充电站车棚顶部由 90 块太阳能光伏发电板构成，光伏装机容量为 26kW·h，同时设有储能系统，由退役电池组加控制设备组成，可储存白天光伏发电生成的电能，便于夜间利用为电动汽车充电，设计日存储电量 300kW·h。因此，光伏、储能和充电设施形成智能微网系统。充电站建设有直流快速充电桩 8 台，0.5h 可充电至80%。充电站设定优先使用清洁能源（光电和储能）供电，当遇到特殊天气或者充电车辆较多，充电站无法承受负荷的情况，系统会自动切换到公共电网供电，保证供电顺利。"光储充"一体化充电站可以缓解充电桩大电流充电时对局部区域电网的冲击，维护电压稳定。"光储充"一体化电动汽车充电站的建

成，为大规模推广新能源汽车公共充电设施起到积极的示范作用。[○]

（2）中国铁塔股份有限公司

中国铁塔通信基站备用电源主要使用铅酸电池，每年使用量约 10 万 t。目前铅酸电池性能较低、寿命较短、含有大量重金属（铅），废弃后若处理不当还会对环境造成二次污染。为此，中国铁塔于 2015 年开始进行电动汽车动力蓄电池回收利用行动。2019 年，中国铁塔在福建、广东、黑龙江等 9 个省份，共计建设了 57 个电池回收试验站点，涵盖各类型应用工况（图 4-2）。

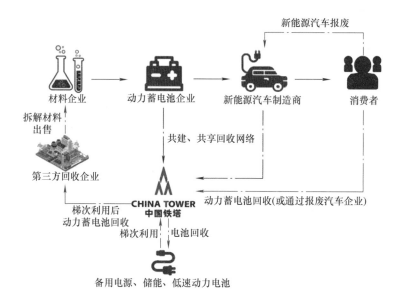

图 4-2 以中国铁塔为例梯次利用商业模式

资料来源：中国储能网，光大证券研究所整理。

目前，中国铁塔在全国范围内拥有约 210 万个铁塔，根据备电量估算合计每年需要电池约 138GW·h。此外，根据电池更换周期计算，每年需要电池约 22.6GW·h。同时，新增电站预计每年需要电池约 2.4GW·h。这一需求量让中国铁塔成为电池回收利用大户和国内最大的废旧动力蓄电池梯次利用企业。

随着国家加速 5G 网络建设，中国铁塔累计承建基站项目超过 70 万个，通

[○] 资料来源：中国铁塔储能电池需求巨大梯次利用已在扩大试点阶段.中国储能网，2017-11-05.

信基站对备电电池需求量激增。单个 5G 基站备用电源典型值是 4G 基站的 2 倍以上，据测算，未来一段时间内，我国基站备电电池需求量基本可消纳国内全部的退役动力蓄电池。其他地区的供电公司在通信基站中增加退役动力蓄电池，这些动力蓄电池与原有的电池共同出力，保证了信号的稳定传输。同时，中国铁塔负责牵头研制通信领域梯次利用相关行业标准。中国铁塔已与 11 家汽车生产企业合作共建回收渠道，与中国邮政等企业合作研究将梯次利用电池应用在机房备用电源、电网削峰填谷等方面，并正在甘肃省河西地区建设兆瓦时光伏发电梯次利用项目和风力发电梯次利用等试验项目，提升梯次利用综合效率。

（3）中天鸿锂清源股份有限公司

中天鸿锂清源股份有限公司（简称中天鸿锂）开创了新的商业模式。通过"以租代售"模式，加上互联网数据平台，提高电池性价比和用户体验，率先打开除中国铁塔外的商业领域梯级利用局面。梯级利用电池组通过出租的方式开展利用，先向客户收取一部分押金，然后每个月收一点租金，主要针对外卖、物流等领域。这种方式既可以延长电池使用年限，又可以解决用户采购成本高的问题，同时梯级利用价值完成后，便于冶炼回收原材料。目前，公司的业务涉足北京、上海、广州等多个城市，梯级利用电池组向多家知名物流企业运输车辆供货。

中天鸿锂专门开发了定制的"换电模式"，解决即时配送用电、城市中充电不安全等痛点，使充电安全化、快速化、智能化。在充电过程中，电流、电压、温度等都将通过云平台实时传导至数据管理平台。这一方式，既受到大型物流企业的认可，也可以为电池梯次利用情况提供真实的运行数据。

（4）长沙矿冶研究院有限责任公司

2020 年 3 月 27 日，长沙矿冶研究院有限责任公司建立退役电池梯次利用综合实验室和动力蓄电池回收公共服务平台。回收公共服务平台上线半个月，退役电池交易总量达到 100t。

长沙矿冶研究院有限责任公司自主开发了废旧动力蓄电池综合利用技术，

2020 年废旧电池梯级利用项目已完成 0.5MW·h/1.5MW·h 级储能系统研究开发，并在广东佛山和该院本部建设 3 套示范工程；长远锂科 5000t 废旧动力蓄电池资源循环利用项目建设已完成，进入调试阶段；与德国 RLG 公司签订了回收体系技术协议。

长沙矿冶研究院积极推进回收利用试点工作，大力开展电池回收体系建设，规范废旧动力蓄电池回收流程，推进行业服务标准规范制定工作；对长沙、株洲、湘潭三个地区的回收网点进行规范化建设，同时与物流公司签订道路运输合同，目前已完成长沙地区多个回收网点和分拣中心的设置工作。

（5）北京匠芯电池科技有限公司

北京匠芯电池科技有限公司是北汽新能源的控股子公司，致力于电池梯次利用与储能的技术开发。目前包括通信基站、高速公路充电站、移动充电车储能系统项目的开发，微电网储能正在规划当中。该企业通过开发利用废旧动力蓄电池梯次利用产品，掌握了电池包及模组再利用技术，形成设计标准，开发配套零部件能量管理系统（EMS）、电池管理系统（BMS）使用，不断提高自身核心竞争力。目前，已基本形成网络平台，通过车辆数据与检测数据，能够实现退役动力蓄电池、新能源二手车、电池状态的评估，可基于大数据分析，实现电池溯源、监控、评估及运营于一体，并正在积极探索"以租代售"等新型商业模式。

（6）比亚迪股份有限公司

比亚迪股份有限公司（简称比亚迪）在 2013 年开始进行梯级电池的市场开拓，目前已在 11 个地区建立电池回收网点。在储能领域，比亚迪已成功打入美国、日本、德国、瑞士、澳大利亚等全球多个高端储能市场，储能产品包括微网系统、家庭小型储能系统、社区中型储能系统以及大型储能系统等。2020 年，比亚迪与中国铁塔合作，在山东枣庄建立比亚迪动力蓄电池梯次利用回收利用中心。

（7）蓝谷智慧（北京）能源科技有限公司

蓝谷智慧（北京）能源科技有限公司是工业和信息化部认可的北京市唯一一家动力蓄电池梯次利用规范企业。在梯次利用方面，着重开发梯次电池的性能云评估技术。基于动力蓄电池历史运行监控大数据，结合少量的线下检测，计算分析电池余能、寿命趋势、一致性、极化及安全风险等，即可实现对退役电池高效、经济的诊断分选，淘汰不具备利用价值的电池，并对具备再利用价值的电池分类、分级，让退役电池"再上岗"，应用于储能电站、备用电源、通信基站、低速车、电动叉车等领域。2021 年初，蓝谷智慧（北京）能源科技有限公司与北京奔驰有限公司关于动力蓄电池梯次利用方面达成战略合作，并完成第一批 3.7MW·h 动力蓄电池交接。

4.1.4　新能源电池梯次利用发展趋势

国务院办公厅发布的《新能源汽车产业发展规划（2021—2035 年）》指出，到 2025 年，新能源汽车新车销售量达到汽车新车销售总量的 20% 左右。这代表动力蓄电池需求量将会增加，将退役动力蓄电池进行梯次利用，相比于制造等量的新电池，可减少碳排放，对实现"碳达峰、碳中和"有重要意义。

梯次利用未来发展形势向好，预测发展趋势如下：

梯次利用政策逐步细化。我国废旧动力蓄电池梯次利用仍处于起步阶段，目前国家发布的相关政策对回收服务网点、梯次利用电池企业的行业要求等做出规定。从政策发展趋势来看，国家层面制定动力蓄电池回收利用指导意见，明确产业长远规划和发展方向，健全电池回收网络，对回收企业的各项要求逐步完善，对产业链上各环节企业的相关责任逐渐明确，逐步建立完善的动力蓄电池回收利用体系。动力蓄电池梯次利用相关政策制度将进一步完善，其中安全和环境风险是决定未来发展趋势的关键因素。

梯次利用标准逐渐完善。目前我国动力蓄电池种类多样，为梯次利用带来了困难。因此，需要从源头入手，将电池设计、生产逐渐标准化，针对动力蓄电池结构设计、工艺技术、集成安装等开展标准、规范制定工作，电池生产企业应按标准生产尺寸相同的电池，确保动力蓄电池拆解、检测、重组环节的一致性、安全性和经济性，将电池的梯次利用价值引入电池设计环节和生产环节。随着动力蓄电池退役量的逐渐增加，梯次利用电池市场规模逐步扩大，应用领域也逐渐广泛，行业对梯次利用电池的规范发展需求逐渐增加。

从示范工程到商用转型。国家发展改革委和国家能源局发布的《关于加快推动新型储能发展的指导意见（征求意见稿）》要求到2025年，实现新型储能向规模化发展转变；到2030年，实现新型储能全面市场化发展。而且，未来一段时间，低速电动车、5G基站、数据中心电源、光伏发电等相关梯次利用领域的各种标准会逐步加快研究和制定，从而有效促进梯次利用行业规范化发展，逐步实现商用转型。

4.2　新能源电池再生利用发展趋势

4.2.1　再生利用产业发展现状

新能源电池的再生利用是指将新能源电池中有价元素以资源化利用为目的，对其进行处理的过程。新能源电池再生利用产业发展的前期阶段，通过正规途径回收的新能源电池数量较少，同时存在退役动力蓄电池分布范围广、回收成本高等问题，使新能源电池再生利用产业处于微量盈利状态，从而没有形成体系化。汽车生产企业根据各级管理部门对动力蓄电池回收利用的管理要求，开始落实生产者责任延伸制度，同时产业链条中相关企业也在政策和经济因素的双重推动下开展回收利用工作，回收利用体系正加速形成。国家高度重视动力蓄电池回收利用的问题，逐渐颁布一系列相关政策。此外，各地区及企业也加快建立跨区域回收体系的步伐。如广西加紧研制本地回收利用工作方案，加强政府统筹规划和市场引导；江苏、上海、广西等省、直辖市、自治区加快建设地方管理平台，提升信息化监管力度；河南、湖南、四川

3 省组织设立了产业联盟，通过市场化方式，指导企业合作构建区域回收利用体系。

目前，我国的动力蓄电池在再生资源利用研究领域已经具备一定的技术储备。以工业和信息化部公布的《新能源汽车废旧动力蓄电池综合利用行业规范条件》（简称《规范条件》）第一批 5 家企业为代表，普遍以湿法回收作为主要工艺，技术相对成熟、回收率高，且能满足国家有关安全环保标准。再生利用企业加快升级传统湿法工艺技术，加强金属高效提取、环保处置技术创新。安徽南都华铂新材料科技有限公司优化热解和焙烧工艺，将退役电池的活性粉末与铝箔、铜箔分离率提升至 98% 以上，锂回收率提升至 90% 以上，已完成中试；安徽合巢产业新城公司研发了萃取提锂、高钠废水处理、钴镍萃取等新工艺。

不同类型电池含有的有价金属类型不同。磷酸铁锂电池中的有价金属以锂为主，其他有价金属含量相对较少，加之目前退役量少难以形成规模效应，该类电池回收利用公司短期较难实现盈利。三元电池中除锂元素外，钴和镍等贵金属含量较高，与磷酸铁锂电池相比具有更高的产品盈利空间。当前，我国还处在以磷酸铁锂电池为主的电池退役阶段，相关企业规模较小，同时较少研究贵金属的再利用技术，因此再利用经济性较低。工业和信息化部公布的首批符合《规范条件》的 5 家企业，2018 年实际回收废旧动力蓄电池仅约 5500t。目前再生利用企业的产能利用率仍非常低，整个动力蓄电池再生利用行业在短时间内难以实现盈利。

4.2.2　再生利用行业格局现状

（1）主要省份再生利用产能分布情况

以区域分布来看，江西和湖南的再生企业产能均超过 30 万 t，整体占比均超过全国的 26%，两个省份再生企业合计产能超过全国的一半。广东、广西、湖北和浙江再生企业产能次之，产能分别为 12.3 万 t、10.0 万 t、9.5 万 t、8.8 万 t，合计产能占全国的 33.8%；宁夏和江苏产能分别为 4.6 万 t 和 2.0 万 t，产能分别占全国的 3.8% 和 1.7%；除此之外，北京、安徽、贵州、河南和四川也存在少量再生利用企业，产能占比均不超过全国总产能的 1%，其中四川产能占比最低为 0.2%（表 4-1）。

表 4-1　全国主要省份电池再生企业产能分布

序号	省份	产能 / 万 t	占比（%）
1	江西	35.0	29.2
2	湖南	32.2	26.8
3	广东	12.3	10.3
4	广西	10.0	8.3
5	湖北	9.5	7.9
6	浙江	8.8	7.3
7	宁夏	4.6	3.8
8	江苏	2.0	1.7
9	北京	1.1	0.9
10	安徽	1.0	0.8
11	贵州	1.0	0.8
12	河南	0.6	0.5
13	四川	0.2	0.2

（2）国内典型再生利用企业处理能力

目前，新能源电池回收的工业化路线主要包括湿法冶金回收技术、火法冶金回收技术及直接拆解回收技术。其中，由于传统矿业的湿法冶金基础和动力蓄电池湿法冶金技术相对成熟，再加上生态环境政策的驱动，使得我国动力蓄电池回收企业的技术路线主要以湿法冶金为主，火法和直接回收路线并用的状态，显著区别于国外的火法冶金回收技术。

目前，国内大多数企业采用湿法路线回收有价金属元素，即主要回收对象为经济价值较为显著的三元材料和用于 3C 领域的钴酸锂电池等（表 4-2）。我国现有的主要回收企业其特点是，回收规模大，回收路线相对统一，产物相对简单（主要为有价金属的盐化物及电极材料）。因此，构建多元化的动力蓄电池回收体系，以推动回收技术更新发展显得尤为必要。

表 4-2 国内主要电池回收公司的工艺及产物[○]

编号	公司名称	回收工艺	产物	回收规模
1	浙江衢州华友资源再生科技有限公司	湿法	电池材料	年处理废旧电池材料 6.5 万 t
2	江西赣州市豪鹏科技有限公司	湿法	硫酸钴、硫酸镍等	年处理量 1 万 t
3	湖北荆门市格林美新材料有限公司	湿法湿法 – 火法	电池材料、硫酸镍、镍粉、钴粉等	建立 10 万 t 年处理量的生产线
4	湖南邦普循环科技有限公司	湿法	三元前驱体	2017 年处理量 2 万 t 2019 年处理量预计 12 万 t
5	广东光华科技股份有限公司	湿法 – 火法	电极材料	年处理量 1.2 万 t
6	哈尔滨巴特瑞资源再生科技有限公司	湿法	电池级产品	—
7	广东芳源环保股份有限公司	湿法	三元材料	未来实现年处理废旧动力蓄电池 5 万 t
8	江西赣锋循环科技有限公司	火法 – 湿法	氯化锂、镍钴锰硫酸盐	2018 年处理量 1.3 万 t
9	北京赛德美资源再利用研究院有限公司	修复再生	磷酸铁锂	2018 年处理量 1000t
10	天奇自动化工程股份有限公司	湿法	氧化钴、硫酸钴等	具备年处理量 2 万 t 能力
11	山东威能环保电源科技股份有限公司	梯次利用拆解 –（外包处理）	电芯、铜质导线等	建成后年回收废旧动力锂离子电池 6GW·h
12	深圳市泰力废旧电池回收技术有限公司	机械拆解	电极材料	年处理量 3000t

4.2.3 回收技术工艺技术分析

鉴于废旧锂离子电池及其生产废料具有环境危害性和资源价值性的双重属性，世界各国的研究者对其资源化利用技术开展了大量研究，成为近年来电子

[○] 李丽，来小康，慈松，等 . 动力蓄电池梯次利用与回收技术 [M]. 北京：科学出版社，2020.

废物处理及资源化利用领域的研究热点。正极材料约占整个锂离子电池制造成本的 30%~50%，是锂离子电池中价值最高的部件，主要由于正极材料中含有锂、钴和镍等高价值的有色金属，同时随着正极材料制备及改性技术的不断发展，正极材料的组成将越来越复杂，因此废锂离子电池回收的重点和难点是正极材料。

目前废旧锂离子电池回收工艺主要包括湿法冶金、火法冶金、生物冶金及其组合工艺。为了克服现有回收工艺存在的处理成本高、回收率低、环境风险高和流程复杂等缺点，从废旧锂离子电池中再制备正极材料的短程清洁工艺受到国内外研究者的青睐，并有望成为废旧锂离子电池高值化利用的发展方向。

（1）直接拆解回收技术

直接拆解回收技术，从广义上讲，即将退役锂离子电池直接利用，将退役后的电池进行余能检测、重装分选后进行再次利用，直至电池电化学性能或安全性能达不到相关的标准，然后进行回收处理。狭义来讲，直接拆解回收技术路线即通过电极材料物化性质的差异以实现有价组分的高效选择性分离，即利用材料导电性、密度、磁性、粒径等差异，采取静电选、浮选、磁选、筛分等多手段联用，将有价组分高效提取分离，分离后的金属和塑料制品直接出售至回收站，有价组分的材料打包出售至具有处理资质的公司，以达到利益最大化的目的（图 4-3）。传统的直接回收技术主要采用人工操作，拆解效率低且操作环境不利于一线拆解员工的健康。随着锂离子电池废弃量的增加，现在逐渐推出了以破碎与分选为主的自动化拆解系统。

由于新能源电池技术的进一步发展，未来电池无钴化、低成本化发展会致使退役锂离子电池其本身具有的价值降低（有价金属含量较低），因此，价格较为昂贵的湿法回收技术并不适用于经济效益较低的电池体系回收。通过直接拆解回收法的参与，使得未来多元化电池体系的分类回收成为可能，也将积极推进多层次回收体系的构筑。

（2）湿法回收技术

1）湿法回收技术原理及研究现状。湿法回收技术是将待处理原料中的有

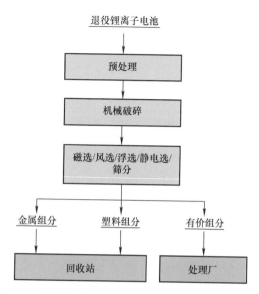

退役锂离子电池

预处理

机械破碎

磁选/风选/浮选/静电选/
筛分

金属组分   塑料组分   有价组分

回收站   处理厂

图 4-3　退役锂离子电池直接拆解回收常规技术路径

用组分转入酸性溶液或碱性溶液中，与未转入溶液的浸出渣分离，然后对浸提的溶液进行纯化与富集，进而对净化后溶液中的目标金属或化合物进行提取回收。除钢铁外，湿法回收技术在金属提炼中的应用已较为成熟。这是因为大多数的矿物组成复杂，需要对矿物进行分解、提纯和除杂，这些要求均离不开湿法回收技术的参与。废旧锂离子电池的处理中，湿法回收技术主要与预处理（拆解、破碎、分选、热处理等）相结合，原料为废旧锂离子电池的集流体与电极材料，利用沉淀法、萃取法、离子交换法等技术分离提纯回收钴、锂、镍、铜等有价金属及其化合物。

目前针对湿法回收技术领域，国内外已经进行了较为深入的研究。主要研究领域围绕采用有机溶剂或氨性体系混合萃取剂对退役锂离子电池中钴和锂等有价金属的萃取分离工艺和过程。如利用柠檬酸加过氧化氢体系浸提废旧钴酸锂材料中的有价金属，之后将浸提液分别依次在 85℃、120℃ 和 450℃ 下保持 5h、24h 和 3h，得到钴酸锂和四氧化三钴的混合物[⊖]；此外，部分研究机构通过

⊖ DOS S C S, ALVES J C, DA SILVA S P, et al. A closed-loop process to recover Li and Co compounds and to resynthesize $LiCoO_2$ from spent mobile phone batteries.[J]. Journal of Hazardous Materials, 2019, 362：458-466.

对废旧钴酸锂正极材料进行氢氧化钠碱浸除铝、硫酸溶钴和锂、磷酸二异辛酯除杂、草酸钴沉钴后，将得到的草酸钴与氢氧化锂混合，在800℃的高温条件下烧结8h，最终得到电池用钴酸锂。上述湿法回收技术的研究加快了废旧锂离子电池资源化回收进程。

电化学处理技术是在电场作用下，在一定电解质溶液中，使溶液中的金属离子沉积到阴极表面的过程，具有投入成本低、回收效率高、二次污染少等优点。近些年，国内外部分研究机构在电子废弃物处理领域得到了很好的研究及应用，如某研究机构采用酸浸＋电沉积的方法对印制电路板中的铜进行提纯，回收得到的铜纯度高达98%[一]；或者采用先酸浸后电解的方法研究了锂离子电池正极材料中钴的电化学浸出过程，钴的回收率高达96%；也有研究机构利用硝酸浸出废旧锂离子电池正极材料中的钴酸锂，并指出过量的氢氧根是钴酸锂电沉积的必要条件。

2）湿法回收技术流程。湿法回收技术主要流程为预处理过程、浸出过程及纯化过程。在预处理过程中，工业上一般通过低温液氮穿孔、盐溶液浸泡的方式进行放电；浸出过程主要通过无机酸（硫酸）浸出实现有价金属元素的富集；纯化过程主要包括化学沉淀和化学萃取等步骤。

传统工业湿法回收技术路线（图4-4）中，浸出过程对无机酸、化学沉淀剂／萃取剂的使用，导致了动力蓄电池回收过程，具有潜在的操作危险和环境威胁。因此，需完善湿法回收技术，构筑新型绿色浸出再生技术。此外，开发绿色浸出剂以取代传统无机酸浸出剂，也是未来湿法回收路

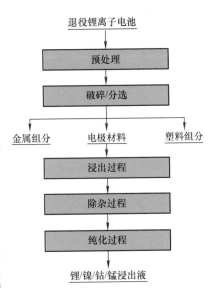

图4-4　传统工业湿法回收技术路线

⊖　VEIT H M，BERNARDES A M，FERREIRA J Z，et al. Recovery of copper from printed circuit boards scraps by mechanical processing and electrometallurgy [J]. Journal of Hazardous Materials，2006（3）：1704-1709.

线改进的方向之一。

（3）火法回收技术

火法回收技术是指在高温条件下从冶金原料中提取或精炼有色金属的技术。火法回收技术在废旧锂离子电池处理中的应用，主要是通过焚烧或热处理步骤分离电池的外壳、黏结剂、隔膜等，然后通过沉淀和浮选工艺得到金属和化合物。

国内外针对火法回收技术的研究较为全面，经常采用火法回收技术回收废旧锂离子电池中的金属。首先通过手工拆解获得电芯，然后将电芯与焦炭、石灰石混合，在高温条件下还原得到铜、钴、镍等，并将其应用于含碳合金中。同样，国际金属回收公司 Inmetco 也利用负极材料石墨为还原剂，在高温条件下得到含钴、镍和铁的铁基合金，而其他金属（如锂）则以炉渣的形式排出，有机材料在高温条件下焚烧。

从上述研究可以看出，火法回收技术处理废旧锂离子电池，工艺简单，应用广泛，但是缺点较多。例如，耗能高、回收率低、二次污染不可避免，同时其有机溶剂、黏结剂等在高温处理的过程中会释放二噁英、呋喃等有毒气体。因此，火法回收技术在废旧锂离子电池中的应用受到一定的限制，图4-5所示是典型火法回收技术处理废旧锂离子电池工艺流程图。

国内极少有回收厂将预处理后的电池直接火法处理以提炼合金。目前国内电池回收路线中，主要采用火法－湿法复合联用的方式来进行退役动力蓄电池有价金属的回收。将磷酸铁锂电池进行火法处理，也与其物化性质相关，与层状结构的三元材料相比，磷酸铁锂电池具有相对较低的分解温度，因此采用火法回收技术去处理磷酸铁锂电池显然更具有优势性。火法回收技术虽然在产物纯度上不及湿法回收技术，但随着磷酸铁锂电池的大规模退役，以及湿法回收技术处理速度较慢的劣势，火法回收技术仍具有独特优势，未来可能会有电池回收厂商积极布局其中，使其得到良性的发展。

（4）生物法回收技术

生物法回收技术涉及生物、冶金、化学等多个领域，它主要是利用微生物新陈代谢，将待处理物质中的有用组分选择性地溶解出来，接着对获得的溶液

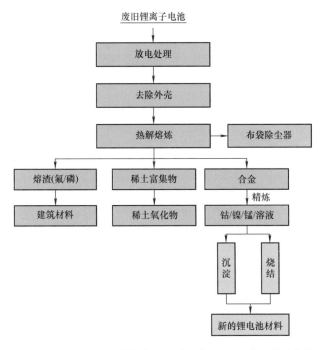

图 4-5　典型火法回收技术处理废旧锂离子电池工艺流程图

进行净化、富集，从而回收有价金属，此法不但可以实现杂质组分的分离，还可以获得含有目标金属的溶液。目前，生物法回收技术由于其特殊的优势，在电子废弃物中应用广泛，如利用氧化亚硫杆菌提取废旧印制电路板中铜，或者利用对金属耐受能力极强的氧化亚硫杆菌，在酸性条件下，结合生物淋滤的技术回收废旧锂离子电池中的铜、钴及镍，金属回收率均达到99%。国内研究机构运用混合菌群（氧化亚铁硫杆菌和氧化硫杆菌）实现钴、锂和镍的浸出，浸出率分别为99.2%、50.4% 和89.9%[一]。综合来看，生物法回收技术是一种低投资、低污染和高效率的替代方法，但是目前仍处于实验室阶段，有很多需要解决的问题。比如，废旧锂离子电池产品的多样性使得用于处理的微生物菌种需要定向培育，耗费时间长，培养步骤复杂。另外，生物法回收技术的机理尚有不明确的地方，仍需进一步研究。

㊀ HEYDARIAN A，MOUSAVI S M，VAKILCHAP F，et al. Application of a mixed culture of adapted ac-
idophilic bacteria in two-step bioleaching of spent lithium-ion laptop batteries [J]. Journal of Power Sourc-
es，2018（378）：19-30.

4.2.4　再生利用产业发展趋势

动力蓄电池中含有镍、钴及稀土金属元素，开展再生利用对于资源循环利用具有重要意义。据估算，2020 年从废旧动力蓄电池中回收钴、镍、锰、锂、铁和铝等金属所创造的回收市场规模已经超过 100 亿元人民币。

再生利用作为动力蓄电池回收处理的最后一步，拆解分离电池中的可再利用资源，以及有害成分的无害化处理，避免造成环境风险，对于建设美丽中国、实现可持续发展意义重大。虽然目前退役动力蓄电池以磷酸铁锂电池为主，但是大部分电池生产企业已开始向三元电池方面布局，三元材料产量大增，据测算，2022 年三元电池将会大规模退役。再生利用还要对梯次利用后的报废电池进行拆解处理，实现全生命周期价值链闭环。

再生利用未来发展趋势向好，主要呈现如下特点：

政策体系逐步完善。《新能源汽车产业发展规划（2021—2035 年）》提出建设动力蓄电池高效循环利用体系，推动动力蓄电池的全价值链发展。落实生产者责任延伸制度，实现动力蓄电池全生命周期可追溯，优化再生利用产业布局。随着生态环境部发布《废锂离子动力蓄电池处理污染控制技术规范（征求意见稿）》，对废锂离子动力蓄电池处理工艺过程污染控制技术、污染物排放控制和运行环境管理等内容提出要求，动力蓄电池在再生利用过程中的污染控制将是决定未来行业发展趋势的保障因素。

再生利用行业规模化发展。工业和信息化部发布实施《新能源汽车废旧动力蓄电池综合利用行业规范条件》及公告管理暂行办法，国家正在积极培育行业骨干企业，支持企业开发再生利用技术和工艺。目前，我国新能源汽车废旧动力蓄电池再生利用初具规模，通过建立完善的保障体系，形成完整产业链条，利用先进技术手段，都会有力地促进动力蓄电池再生利用产业的流程化、专业化、规模化健康发展。

注重再生利用技术创新。目前，国内动力蓄电池再生利用的关键性环节技术工艺还不够成熟，一些处理企业仍然采用手工拆解和传统回收工艺，容易造成资源浪费和成本增加，需要注重技术创新，加快突破关键制造装备，以提高综合利用率、资源产出率，同时也需满足回收处理过程的环保要求。废旧动力蓄电池自动化拆解成套技术与装备已列入国家鼓励发展的重大环保技术装备（2017）名录，因此，提高资源综合利用率及回收技术水平是再生利用未来发展的重要方向。

深入推进高值化综合利用。动力蓄电池中，除钴、镍、锂等多种贵金属元素外，电解液和负极材料中的石墨也同样具有回收价值。随着动力蓄电池数量与电池材料需求量的增加，如果对动力蓄电池需要的正极金属材料、负极石墨材料和电解液进行高值化综合利用，可以有效减轻对矿产资源的开采压力，有利于产业的可持续健康发展。

4.3 新能源电池回收利用关键技术分析

自 20 世纪 90 年代初索尼公司成功将锂离子电池商用后，经历 30 年的发展，锂离子电池在便携式电器、储能领域、电动汽车等领域获得了极大的发展，并衍生出多种应用体系，包括高能量密度型、高功率密度型、高安全型电池等。其中，在动力蓄电池领域，其商用的动力蓄电池主要包括三元体系（$LiNi_xCo_yMn_zO_2$，NCM；$Li(NiCoAl)O_2$，NCA）和磷酸铁锂体系（$LiFePO_4$，LFP）。根据 2020 年动力蓄电池装机量情况，三元材料动力蓄电池体系仍是主流，磷酸铁锂以其优越的安全性能也占据超过 1/3 的市场。由此可见，未来动力蓄电池退役回收的两种电池类型主要为三元材料和磷酸铁锂电池。

根据目前锂离子电池制造的水平，其电池使用寿命一般为 5~8 年，如果电池使用不当，则其正常工作年限可能会进一步缩短。通常动力蓄电池在制造时的化成阶段，会由于负极固体电解质界面膜的生成造成容量的不可逆损失，在使用过程中不断充放电的过程下，极端使用工况（高温、严寒、过充电、过放电等）会致使动力蓄电池关键材料出现系列物理变化和化学演变，从而使原有的电化学性能下降。一般来说，用于动力来源的动力蓄电池，其容量下降至原设计标定容量的 80% 时，即可视为退役状态的锂离子电池。在这一阶段，需要对动力蓄电池进行余能检测和寿命评估，总体判别其容量保持率和其他电化学性能，如判别不适用于动力蓄电池，则可将其用于对电化学容量要求不高的储能领域；经储能领域或低速车的应用后，不符合再应用情况的退役动力蓄电池即可进入最后的回收再利用阶段，以达到动力蓄电池整个生命周期的闭环利用。

传统的动力蓄电池回收阶段始于退役动力蓄电池无法再应用的阶段，因此，对于不同电池体系退役的判别标准应尽快制定，作为回收再利用上一阶段梯次利用的评判规则也应尽可能细化，以形成系列流程化的电池退役流程及回收标准，从而推动动力蓄电池回收标准化、规范化、体系化的健康发展。

4.3.1　余能检测

动力蓄电池经过拆解后需要对其健康状态（SOH）进行评估，根据电池的健康状态及剩余寿命对其进行二次利用。如果可以获取动力蓄电池在使用期间的完整相关运行数据，结合电池包和单体电池的出厂数据，就可以大致估算出特定运行条件下电池模组的剩余寿命，通过建立电池模组的简单寿命模型的方式，可显著节约检测时间和费用（图 4-6），但电池运行数据是否公开取决于车企。如果只有出厂时的原始数据（标称容量、电压、额定循环寿命等）但无具体使用情况记录，则需对每个模组进行重新测试、均衡、计算，估算其剩余寿命。每一个模组的测试费用、测试时间，以及分析建模、测试场地测试设备

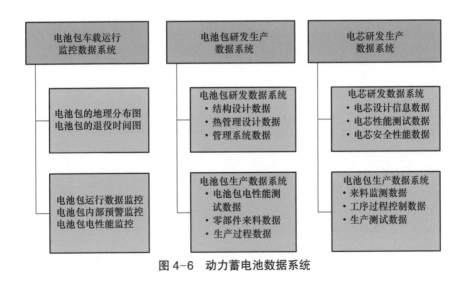

图 4-6　动力蓄电池数据系统

的使用等，都会影响梯次利用成本。如何快速、准确地估算动力蓄电池模组的剩余寿命，是动力蓄电池梯级利用的关键所在。

近年来，国内科研机构的研究人员相继开展基于退役电池能否梯次利用、梯次利用电池剩余容量判定及退役动力蓄电池筛选方法等相关研究，并取得部分研究成果。例如，开发用于确定梯次利用动力蓄电池容量衰退原因的方法，通过对多个梯次利用动力蓄电池单体和新动力蓄电池单体进行性能测试、拆解分析，获取每个梯次利用动力蓄电池和新动力蓄电池性能数据及正极材料、负极材料和隔膜的表征数据（电池晶体结构参数、隔膜表面形貌、沉淀物数据和隔膜成分）。基于梯次利用动力蓄电池与新动力蓄电池的分析数据和对应的容量衰退数据进行大数据分析，确定影响梯次利用动力蓄电池容量衰退的原因。此外，还开发了基于退役电池能否梯级利用的快速判断方法，在常温下以 $1.0C$、$0.5C$ 和 $0.2C$ 的倍率将梯级利用电池循环充放电，并分别记录其放电容量，比较三次放电容量的大小，进而判断电池是否适用于梯级利用。另外，还有基于可梯级利用的退役动力蓄电池的分选方法及系统研究，将待分选电池放置在预设的环境条件下，测量待分选电池的开路电压；测量待分选电池在预设频率下的定频内阻，以预设的充放电倍率 N 对待分选电池充电至满电态；以预设的充放电倍率 N 对待分选电池进行 M 次充放电，所述待分选电池完成 M 次充放电后处于满电态；将满电态的待分选电池放置预设时间 X 后，再次对所述待分选电池以充放电倍率 N 进行 M 次充放电处理，计算待分选电池的容量恢复率以及容量保持率；根据获得的待分选电池的容量保持率、定频内阻、开路电压以及容量恢复率能否符合预设标准，确认待分选电池梯级利用范围。

目前，我国已出台关于电动汽车用动力蓄电池电性能要求及试验方法和车用动力蓄电池回收利用余能检测等相关系列标准。GB/T 31486—2015《电动汽车用动力蓄电池电性能要求及试验方法》规定了电动汽车用动力蓄电池的检验规则、试验方法和电性能要求。对功率型和能量型蓄电池模块的高温放电容量、室温倍率充电性能和低温放电容量等性能检测步骤进行了详细规范。GB/T 34013—2017《电动汽车用动力蓄电池产品规格尺寸》明确规定了电动汽车用动力蓄电池的单体、模块和标准箱尺寸规格要求；这一标准可有效解决此前存在于动力蓄电池梯次利用中，动力蓄电池由于尺寸不一难以匹配储能电站或家用储能设备结构的难题，也降低了动力蓄电池梯次回收利用的门槛。GB/T 34014—2017《汽车动力蓄电池编码规则》规定了动力蓄电池编码基本原则、数据载体、编码对象和代码结构，可在动力蓄电池生产维护、管理和溯源过程中进行关键参数监控，特别是在动力蓄电池回收利用环节，凭借唯一性和可追溯性，较准确地确定动力蓄电池回收的责任主体。

GB/T 34015—2017《车用动力电池回收利用　余能检测》已批准发布，是国内关于回收利用检测动力蓄电池的首个国家标准。该标准规定了车用废旧动力蓄电池余能检测的定义、术语、符号和检测方法、检测流程及检测要求，且适用于车用废旧锂离子动力蓄电池和金属氢化物镍动力蓄电池单体、模块的余能检测；规范了动力蓄电池电压判别、极性检测、外观检查、余能测试和充放电电流判别等检测流程，为车用动力蓄电池的余能检测提供评价依据，有助于提高废旧动力蓄电池余能检测的科学性和安全性。废旧动力蓄电池余能检测流程如图 4-7 所示。

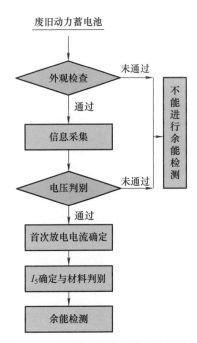

图 4-7　废旧动力蓄电池余能检测流程

在进行信息采集前，应先对电池的外观特征进行判断，一般主要包括表面平整度和结构完整度，电池表面出现结构性缺失和破坏的应停止进入下一检测步骤。通过电压判别后，首次充放电流的判别分为有标签和无标签两种，有标签情况可以从标签中获得标称容量等信息，无标签情况需要通过相关方法（表 4-3）来确定首次充放电电流，待通过 I_5 放电容量（在室温下，以 I_5（A）电流放电，达到终止电压时所放出的容量）确定和材料判别后即可完成退役动力蓄电池的余能检测。但是现有电池包装配模块不一致，且各大电池制造厂商无模组技术（Cell To Pack，CTP）及后续技术升级困难也给余能检测带来了不确定的因素。此外，余能检测的方法也可采用安时积分法、开路电压法、机器学习法等，但是这些方法费时耗力，如果仅作为退役动力蓄电池余能检测方式，那么其投入成本过大。因此，急需研究快速精准的余能检测评价方法和技术，可以通过大数据分析电化学关键参数的变化曲线，找到快速且低成本的余能检测方法。

表 4-3　首次充放电电流确定方法

蓄电池类型	I_c/A		I_m/A	
	有标签	无标签	有标签	无标签
软包锂离子动力蓄电池	$I_c=C_n/5$ 或 $I_c=W_n/5U$	$I_c=0.0066m+0.8321$	$I_m=C_n/5$ 或 $I_m=W_n/5U$	$I_m=n_1I_c$
钢壳/铝壳/塑料壳锂离子动力蓄电池		$I_c=0.0070m+0.6656$		

4.3.2　寿命评估

车企电池管理系统（Battery Management System，BMS）的差异性，电池制造厂商电池的不一致性和动力蓄电池使用环境的影响性等因素使得电池的复杂电化学系统更加难以判别，其容量衰减机理也受电池材料、电池结构、电池滥用、极端条件、机械滥用等条件影响，致使单体电池在一定程度上存在差异，使得动力蓄电池剩余寿命的预测变得困难。

根据运行数据和测试数据对不同的电池模组建立数据库，根据材料容量、体系、剩余循环寿命、内阻等参数对模组重新分组。模组分组参数的合理性，直接影响到后面重新组合的系统性能，具体如何确定相关参数，并兼顾成本和性能，还需要做大量的研究工作。在电池模组的分组等级和类型，以及产品开发具体目标基础上，建立一个系统级模型，确定各电池模组的衰减特性参数，如健康状态（SOH）、电压变化率、内阻、低温放电容量和自放电率等，推算出相关的匹配系数，根据产品应用场合确定产品的总体方案。此外，在进行系统集成设计时，还需同步考虑结构柔性化设计和BMS的鲁棒性。系统结构设计应该兼容不同的模组，固定方式既要考虑可靠性和紧固性，又要考虑便于快速装卸，模组的线束连接多柔性化考虑，做到可快换和快插；BMS 需做到智能化、标准化和模块化，能够自适应各种类型的模组，并能够自我学习，在运行过程中为单体电池和模组建立模型，做到智能化的预测、监控、诊断、报警等各类在线服务。软件的升级可在线进行，也可远程升级。

通过组串分布式架构，上海煦达新能源科技有限公司提出解决回收电池的一致性问题。首先拆除同类型号车上的退役动力蓄电池作为一个基本的储能单元电池组，之后将其与储能变流器（PCS）、监控单元串联构成一个基本的储能单元，再相互并联构成功率不等的中大型储能系统，这样将大幅减少检测成本。通过浅充电、浅放电的运行策略避免电池容量到后期断崖式衰减，保障电池可靠的长时间使用寿命，特别是安全性。目前，已完成多个项目试点。

范茂松等开发了一种用于预测梯级利用动力蓄电池的复合离散度方法（图 4-8），分别测试每个梯级利用动力蓄电池在不同荷电状态下的直流内阻，并确定其阻抗特性（在预设频率阈值下的定频内阻和开路电压、在预设倍率放电结束时的终止电压）。根据每个梯级利用动力蓄电池的阻抗特性，利用离散度计算公式计算内阻离散度，根据梯级利用动力蓄电池在不同使用条件下的循环性能计算多个梯级利用动力蓄电池的衰退速度，建立梯级利用动力蓄电池的衰退速度与使用条件的对应关系（使用条件包括：使用环境温度、使用倍率和工作 SOC 区间）；计算梯级利用动力蓄电池的自放电率，建立梯级利用动力蓄电池的自放电率与使用工况的对应关系；利用复合离散度预测梯级利用动力蓄电池在退役后不同时间段的电池容量离散度，并根据预测的不同时间段的电池容量离散度和内阻离散度的权重预测梯级利用动力蓄电池的复合离散度。

电池 SOH 的基本定义为：在标准放电条件下，电池从充满状态以一定倍率放电到截止电压所放出的容量与其所对应的标称容量的比值，表达式为

$$M_{SOH} = \frac{C_M}{C_N} \times 100\% \qquad (1)$$

式中，C_M 为测量容量；C_N 为电池标称容量；M_{SOH} 为电池 SOH 值。

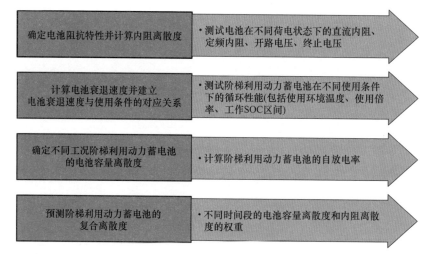

图 4-8　预测梯级利用动力蓄电池的复合离散度方法

锂离子电池的寿命评估可分为：使用寿命、循环寿命和储存寿命三种评估模型，对于退役动力蓄电池，依据其用途不同，可分别依据不同评估模型对其进行寿命预测。目前，现有剩余寿命的检测和评估模型可以分为三种类型（图 4-9），即基于模型的评估方法、基于数据驱动的评估方法、基于融合技术的评估方法，其中大多数研究集中于使用寿命和循环寿命的模型研究。

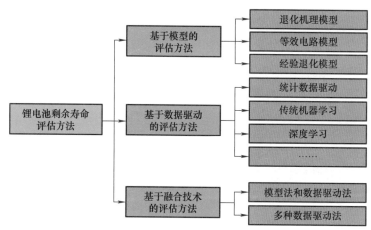

图 4-9　锂离子动力蓄电池剩余寿命评估方法 ⊖

⊖ 郑文芳, 付春流, 张建华, 等. 锂离子电池剩余寿命预测方法研究综述 [J]. 计算机测量与控制, 2020, 28(12):1-6.

1）使用寿命－循环寿命：基于不同的预测模型，动力蓄电池剩余寿命评估方法各有其优缺点。基于模型的评估方法，其优点在于所需数据量少、适应性强，但实时性较差。因此，主流研究主要集中于数据驱动和融合技术的方法上。这些预测模型大部分是基于未循环电池的条件设置测试数据分析的，然而退役锂离子动力蓄电池内部情况一致性与未循环电池存在显著区别，因此退役动力蓄电池剩余寿命的预测显得更加困难。

2）储存寿命：中国汽车工程学会发布的 T/CSAE 118—2019《锂离子动力电池单体日历寿命试验方法》（图 4-10），主要基于单体电池在不同温度下的特征参数进行拟合分析。储存寿命的主要变量为储放时间和储放温度，对其的拟合建模分析，已成为电池使用寿命和循环寿命的判断条件。

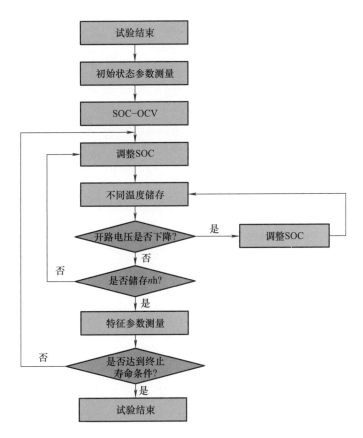

图 4-10　锂离子动力电池单体日历寿命试验方法

由于单体电池的不一致性使得寿命评估模型的快速评估变得困难，且缺乏复杂工况信息的反馈，使得寿命评估预测与实际存在差异。此外，目前使用寿命及循环寿命的评估模型大部分基于未服役的动力蓄电池进行数据采集和分析。因此，需要建立基于退役动力蓄电池特殊应用场景的评估模型。但目前的动力蓄电池制造技术及单体电池不一致性的差异显著，使得退役动力蓄电池的余能检测和寿命评估投入成本过大，退役动力蓄电池梯次应用从经济上分析并不占据优势。综上考虑，为了后续梯次利用的实施，需要建立退役动力蓄电池快速、精准、低成本的评估方法。更迫切的是如何保证单体电池的一致性，这是动力蓄电池长远发展必须考虑的关键性问题之一。

4.3.3 大数据驱动的电池性能评估

动力蓄电池退役回收目前面临检测流程长、周期长以及时间成本高等痛点。其中，最主要的是电池性能检测的技术难度较大且线下拆解检测成本较高，在双方交易的时候，因物流、检测成本高等问题导致无法快速了解电池性能。基于用户的需求，北京理工新源信息科技有限公司（简称北理新源）提出基于大数据的电池性能评估方法的解决方案，核心是"线上电池性能评估，快速掌握电池性能；线下抽检或免检，降低线下检测成本。"

电池评估手段分为线上和线下（图4-11），左侧是线上评估系统，右侧是线下检测系统。首先，线上评估系统获取平台实时上传的动力蓄电池和车辆运行数据，通过电池多维度性能评估算法和大数据智能分析技术，快速准确地完成线上评估部分，并输出评估结果给到线下检测系统。90%的电池包可以直接通过线上评估的方式判断为梯次利用或者报废回收，可以直接降低相当于传统检测手段90%的时间成本和费用投入。因此，线上系统的优势在于能够大规模、快速、低成本、准确地进行评估。

对于另外大约10%的电池包，会给出建议线下检测的结果，并全部转入线下检测系统。线下检测系统通过三种检测设备（大型综合式检测设备、小型一站式检测设备和移动便携式检测设备）获取电池数据。对于获取的关键数据，

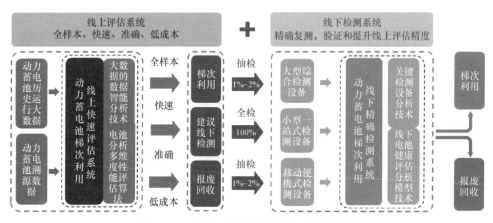

图 4-11　线上 + 线下结合的电池评估手段

使用线下电池健康分析模型，对来料电池进行更加精准的健康度分析，给出梯次利用或报废回收的检测结果。线下检测的优势在于精度高达 99%，并且可以定位到问题模组或单体。同时，对线上判断结果明确的 90% 电池进行 1%~2% 的抽检，通过线下检测的结果，与线上评估结果比对进行优化算法，进一步提升线上评估的精准度。线上评估 + 线下检测的全新模式可以在保证高检测精度的同时，达到全样本、快速、准确、低成本（多、快、好、省）地检测目标。

　　基于大数据的开发经验，北理新源目前研发了三大评估技术：容量衰减度评估技术、电池健康度评估技术以及电池安全评估技术。从整个线上评估系统（图 4-12）来看，只需要提交新能源汽车的历史运行数据，通过大数据智能分

图 4-12　线上评估系统

析技术、健康度分析评估技术、容量衰减监测评估技术以及电池安全性能分析评估技术，快速对整批电池进行评估，最终给出一份评估报告，包括电池性能的详细评估结果和性能分级。对于优质的电池，建议进行梯次利用；对于性能衰减比较明显的电池，建议再生回收；同时，针对一批存在异常情况的电池，建议线下检测，从而提醒用户进行进一步的检测以确认利用价值。

4.4 新能源电池回收利用产业技术发展建议

（1）规范回收市场，发展规范化流通市场

锂离子动力蓄电池到达其使用寿命的限制后，一部分交由制造商进行回收，但占据相当比例的报废电池未能流入正规回收市场。其主要原因在于处理渠道尚未规范化，退役电池后续的回收和具有专业资质的电池回收厂家间尚未形成良好的接洽，致使相当比例的退役动力蓄电池由此流入灰色市场，市场中仍然存在小作坊不规范的操作，甚至造假行为，使得"再生"电池具有极大的隐患。此外，不规范的回收技术也会给环境带来污染。因此，为规范回收市场，应加快推动新能源电池回收利用立法。

（2）规格指标统一，简化预处理检测流程

目前，我国动力蓄电池制造商众多，单体电池成分不同、型号不一、制造工艺不同，电池模组结构、装配模式有别，缺乏统一的技术指标和装配模块，使得退役动力蓄电池的快速筛选、检测和分离成为制约其发展的关键性问题。此外，厂商在追求电池性能提升的同时，缺乏对动力蓄电池退役后快速处理的设计，使得非电池制造商系统的回收处理厂商面临电池分选等问题。因此，在差异化电池技术发展的前提下，新型模组化、规格化的电池可以为电池退役后的再应用提供便利，使得动力蓄电池在满足能效设计的同时，可以易于展开后续的梯次应用及回收处理。

（3）技术迭代更新，推动可持续绿色发展

我国动力蓄电池工业化回收路线主要是以湿法冶金为主、其他路线并存的发展模式。然而，湿法冶金处理过程中，由于强酸浸出剂、化学萃取剂的使用，使得电池回收过程存在潜在的威胁，且浸出过程中副产物的生成，也给生产操作者带来了极大的安全隐患。同时，在现有的生产工艺下，动力蓄电池的回收产物主要以有价金属盐为主，企业利润来源于退役电池和可回收贵重金属的差价，出于技术成本和盈利的考虑，具有较低回收经济价值的磷酸铁锂、锰酸锂等回收热度较低。因此，新型动力蓄电池的回收技术急需更新升级，以实现动力蓄电池全组分回收技术、全流程污染控制技术、绿色回收技术及产品高值化技术的研发和升级，进而推动动力蓄电池回收高效化、过程绿色化、产品高值化的整体可持续生态应用。

（4）产线智能提升，发展高效自动化设备

针对现有的动力蓄电池回收工业化路线，以湿法冶金为主的自动化生产线已经设计应用，但其整体过程智能化程度较低，现有的自动化生产设备主要发展于传统的选矿和冶金技术设备，针对性不强，不能有效解决电池回收利用过程中特殊物料引起的问题。因此，智能化回收生产线的开发急需提上日程，以积极推动电池回收行业的健康发展，为后续动力蓄电池规模化退役、大批量处理提供有效的解决方法。

（5）政策引领驱动，构筑协同互联式网络

新能源技术快速发展、碳中和目标稳步推进以及"禁燃令"政策的实施，使得新能源电池生产技术和市场份额进一步增强。在此大背景环境下，我国高度关注动力蓄电池的退役及回收问题，国家相关部门和地方政府频频出台各项管理政策，指导电池回收利用产业积极健康地发展。然而，整体回收网络的不完善，宏观性的指导意见难以较好地落地，使得产业发展与政策出现脱节的情况。因此，需要通过政策引领、政府牵头，将电池原料供应商、新能源电池制造商、新能源汽车生产企业等电池应用商、梯次利用企业、再生利用企业有效互联，共同参与整体分布式动力蓄电池回收利用网络的构建，通过上下互联式沟通和协作，推动新能源电池回收利用产业进步，使得新能源电池回收利用产业积极健康地发展。

第5章　区域协调

目前，国家"双碳"目标已进入全面落实阶段，随着新能源汽车的迅速发展，动力蓄电池也将进入大规模退役阶段。根据工业和信息化部等七部委印发的《关于做好新能源汽车动力蓄电池回收利用试点工作的通知》，江苏省、京津冀、山西省、上海市、浙江省、安徽省、广东省等18个地区和企业作为试点，在全国范围内推进新能源电池回收利用先行先试。本报告以广东省、安徽省为典型案例，总结两地区在新能源电池示范工程推广、回收体系建设、重点领域应用、电池溯源管理等领域的推广经验，为国内其他地区新能源电池回收利用提供相关支撑。

5.1 广东省退役动力蓄电池回收利用发展模式

广东省作为改革开放前沿阵地，新能源汽车产业发展迅猛，2020年全省新能源汽车保有量超过75万辆，产业规模居于全国前列。2019年1月，在广东省相关主管部门的指导下，广东省循环经济和资源综合利用协会联合动力蓄电池回收利用产业链各环节企业单位共同组建成立"广东省新能源汽车动力蓄电池回收利用产业联盟"（简称广东省电池回收利用联盟）。该联盟聚焦重点领域和关键问题，围绕政策支撑、回收体系构建、示范工程培育、标准研究、供需对接和平台打造、服务产业等方面展开系统研究，加快建立规范高效的新能源汽车退役动力蓄电池回收利用体系，推动形成退役动力蓄电池回收利用的"广东模式"。

5.1.1 "广东模式"政策路径

2018 年，广东省按照以"深圳为核心、辐射周边"的定位，实行"信息化管理 - 动态回收 - 梯级利用和再生利用"的试点建设思路，出台《广东省新能源汽车动力蓄电池回收利用试点实施方案》，并征集了 45 家试点企业，全面做好试点推进工作。深圳市印发了《深圳市开展国家新能源汽车动力电池监管回收利用体系建设试点工作方案（2018—2020 年）》，公布《深圳市 2018 年新能源汽车推广应用财政支持政策》，成为国内首个设立动力蓄电池回收补贴的城市。

2019 年底，广东省工业和信息化厅和商务厅联合发出《关于进一步做好新能源汽车动力蓄电池回收利用溯源管理工作的通知》，进一步推动广东省新能源汽车生产企业（含进口）、报废机动车回收拆解、梯次及再生利用等企业的国家溯源平台注册和信息采集，通过地市主管部门、产业联盟形成网络化管理和指导，推动构建动力蓄电池溯源管理体系。

2020 年，广东省工业和信息化厅率先开展动力蓄电池回收利用典型模式征集和符合行业规范条件企业培育工作，旨在推广和宣传好的做法和经验，并完善全省动力蓄电池回收利用体系。同年，首次将新能源汽车废旧动力蓄电池综合利用（含梯次利用、再生利用）列入广东省工业固废综合利用示范项目创建范围，纳入年度"打好污染防治攻坚战专项资金（绿色循环发展与节能降耗）项目"支持，并写入《广东省培育安全应急与环保战略性新兴产业集群行动计划（2021—2025 年）》之中，作为"十四五"重点工作之一。

5.1.2 "广东模式"发展成效

近年来,工业和信息化部发布了两批符合《新能源汽车废旧动力蓄电池综合利用行业规范条件》企业名单,全国 27 家企业进入名单。其中,广东省有 6 家企业(3 家梯次利用企业、3 家再生利用企业)被列入名单,企业数量全国排名居首。此外,还有 7 家列入名单企业的总部或控股公司均在广东省内,动力蓄电池回收利用产业能力突出。根据有关数据及调研分析,目前广东省梯次利用和再生利用产能分别均已超过 8 万 t/ 年(表 5-1)。

表 5-1 广东省符合《新能源汽车废旧动力蓄电池综合利用行业规范条件》
企业项目布局情况

单位	布局情况
广东光华科技股份有限公司 / 珠海中力新能源科技有限公司	1. 梯次利用与物理拆解: 预计 2021 年,退役锂电池梯次利用项目处理量将达 2 万 t/ 年、废旧锂电池拆解分类利用项目处理量将达 4 万 t/ 年 后装系统 2021 年处理量具备 2 万套 / 年 2. 资源再生: 2019 年在汕头扩建再生利用产线,产能达到 1.5 万 t 金属量 珠海项目规划建设年处理 20 万 t 退役动力蓄电池综合利用基地
广东佳纳能源科技有限公司	已建成年处理报废锂离子动力蓄电池 1 万 t、废锂电池正极材料 4000t、镍中间品 3500t、钴中间品 2000t、年产三元前驱体材料 2.2 万 t 的生产设计能力
深圳市恒创睿能环保科技有限公司	1. 子公司惠州恒创:电池回收拆解能力达 5 万 t/ 年,其中破碎拆解 4 万 t/ 年,梯次利用 1 万 t/ 年 2. 子公司江门恒创:锂电池梯次利用与智能化拆解 5 万 t/ 年,锂电池材料提纯 5 万 t/ 年的处理能力
深圳深汕特别合作区乾泰技术有限公司	1. 报废汽车拆解回收及重点零部件综合循环利用,年拆解能力 4 万辆 2. 退役动力蓄电池拆解回收及综合循环利用,年拆解能力 3 万 t 3. 退役动力蓄电池梯次利用电池包,年生产能力 2 万套 4. 报废电芯有价元素粗分,年处理能力 7500t

广东省新能源汽车规模化推广应用城市主要是深圳市和广州市。深圳市和广州市的新能源汽车保有量超过全省总量的 80%,主要得益于深圳市和广州市是国家"十城千辆节能与新能源汽车示范推广应用工程"试点城市,自 2010

年起率先在公交车领域实现推广应用，并于 2017 年进行规模化集中采购。据了解，深圳市和广州市新能源公交车首批退役动力蓄电池（该部分电池所属新能源汽车主要于 2010—2016 年期间采购使用）处置集中在 2019—2020 年，共计处理 1500 多辆报废新能源公交车的退役动力蓄电池，均采用招投标方式进行，同时规定投标人条件要求具有符合国家动力蓄电池综合利用行业规范企业、省动力蓄电池回收利用试点企业或者是环保安全消防手续齐全、回收利用设施完备的综合利用企业。未来，为有效盘活国有资源，促进退役动力蓄电池规范高效利用，公交、出租、物流等公共领域国有企业拟将通过合资、参股、技术合作等形式，与综合利用企业紧密合作，构建动力蓄电池回收利用末端产业绿色闭环。

5.1.3　广东省新能源电池回收利用下一步重点工作

广东省作为工业和信息化部新能源汽车动力蓄电池回收利用试点地区之一，动力蓄电池回收利用工作已按下"加速键"，在没有成熟经验借鉴的情况下，通过行业各方的努力取得了较好的试点研究成果。下一步，广东省将主要在如下领域开展重点工作：一是全力推进广东试点工作开展，通过调研摸清"家底"、找准问题、创新思路，及时做好试点经验总结，推广典型模式案例；二是推动区域性废旧电池回收中心研究，落实生产者责任延伸制主体责任，推进产业链相关环节企业通过多种形式实现回收中心的共谋共建共享行动，保证废旧电池"有家可归"，科学合理处置；三是开展退役动力蓄电池梯次利用规模化应用示范工程研究，深入分析国内国际市场需求及环保安全要求，促进梯次产品产业化应用；四是协助推进动力蓄电池溯源管理和月报监测工作；五是开展动力蓄电池资源综合利用评价体系研究，推动企业享受资源综合利用产品退税优惠政策；六是开展动力蓄电池回收利用行业标准化工作，引导行业企业规范、高效、安全回收利用。

5.2 安徽省新能源电池回收利用发展模式

5.2.1 安徽省新能源电池回收利用成效

安徽省在新能源电池回收利用技术进步和产业化方面取得显著的成绩，主要表现在构建溯源体系、建立完善回收体系、筹建残值检测与评估等平台、推进示范工程等诸多成果，在建立和完善新能源电池回收利用产业创新体系方面做出了重要贡献。

（1）构建溯源体系建设，实现产品全生命周期信息跟踪

以实现新能源汽车动力蓄电池来源可查、去向可追、节点可控为目标，以提高企业注册率和溯源信息上传率为重点强化方向。自 2018 年 7 月新能源汽车动力蓄电池回收利用试点工作开展之日起，安徽省有 12 家试点企业溯源履责情况良好，国轩高科股份有限公司（以下简称国轩高科）建立电池溯源管理系统、安徽巡鹰新能源科技有限公司（以下简称巡鹰新能源）上线溯源综合管理平台，实现产品全生命周期信息监管和记录。根据国家溯源平台统计数据，截至 2020 年底，安徽省新能源汽车生产企业注册完成率 100%，报废汽车回收拆解企业注册完成率 64%；全省上传新能源汽车超 40 万辆，电池配套质量超 10 万 t。

（2）建设回收利用体系，创新一体化回收处理机制

督促新能源汽车生产企业落实生产者责任延伸制度，鼓励整车企业与电池生产、报废汽车回收拆解以及综合利用企业合作，构建区域化回收体系。国轩高科在全国重点区域建成回收服务网点近 100 个，正探索建立与售后及服务网点委托合作模式。国投安徽城市资源循环利用有限公司（以下简称国投安徽）、安徽广源科技发展有限公司（以下简称安徽广源科技）积极打通产业上下游合作渠道，创新一体化回收处理机制。江淮汽车等整车生产企业不断推进回收服务网点标准化建设。截至 2020 年 12 月，安徽省录入国家溯源平台回收服务网点 322 个，覆盖全省 16 个地级市。

（3）筹建残值检测与评估等平台，开展退役电池全方位监测

引导产业链上下游企业密切合作，利用信息技术推动商业模式创新，建立公允的动力蓄电池残值检测与评估平台、动力蓄电池残值交易平台、动力蓄电池回收利用技术研发平台，促进产业发展。安徽华容检测认证有限公司（以下简称华容检测）与合肥职业技术学院校企合作，共建退役车用动力蓄电池余能检测试验平台，设立动力蓄电池余能检测第三方实验室，开展退役电池单体、模组、电池包和电池系统全方位检测。安徽节源环保科技有限公司（以下简称节源环保）进行"新能源汽车动力蓄电池残值交易平台"的软件功能架构设计，并开展电池残值评估交易办法、操作细则等的研究编制。国投安徽与中国汽车技术研究中心、合肥工业大学、清华大学、国轩高科和格林美等相关科研院所、企业结对开展动力蓄电池存储、运输相关研究工作。国轩高科承担的国家重点研发计划"退役动力电池异构兼容利用与智能拆解技术"、安徽省科技重大专项"退役磷酸铁锂动力电池的梯次利用与回收处理关键技术研究及产业化应用"中期成果、年度报告均得到主管部门、评审专家的认可。

（4）建设示范工程，着力突破电池回收利用瓶颈技术问题

以重点项目为抓手，着力解决动力蓄电池梯次利用、高效再生利用等突出瓶颈问题，整体推进新能源电池回收利用试点工作。国轩高科加快完善锂电池上游原材料和电池回收战略布局，先后成立合肥国轩循环科技有限公司（以下简称国轩循环）和合肥国轩新材料科技有限公司（以下简称国轩新材料）两家公司，分别负责开展锂电池回收再利用业务和负极材料研发、生产和销售业务。据国轩高科披露，预计 2025 年国轩高科将具备 100 GW·h 动力蓄电池产能的原材料供应，并切实解决锂电池回收和梯次利用问题。此外，安徽省国投经济发展有限责任公司建成安徽省首个报废新能源动力车辆拆解产线和动力蓄电池包拆解工位，实现电芯分类回收和其他部件回收利用。巡鹰新能源自主研发了退役动力蓄电池模组全自动拆解设备，解决了电池包拆解难、效率低、安全隐患大等问题，目前日拆解模组量可达到 3000 组。合肥融捷金属科技有限公司（以下简称融捷金属）完成了"高钠废水处理零排放"和"钴镍萃取新工艺"两项课题的研究，并应用于生产实际，经济效益和社会效益良好。南都华

铂新材料科技有限公司（以下简称南都华铂）锂离子电池绿色高效循环利用项目土建工程正在施工，已完成全部主体设备的合同签订工作，投产后年处理废旧锂离子电池能力为 2.25 万 t。池州西恩科技有限公司（以下简称池州西恩）20 万 t 锂电池回收及综合利用项目正在加快建设。

5.2.2　安徽省新能源电池回收利用领域相关单位概况

（1）安徽省新能源电池回收利用组织及研究机构概况

安徽省新能源汽车动力蓄电池回收利用产业联盟于 2020 年 7 月 29 日成立。联盟是由安徽省及周边新能源汽车动力蓄电池回收利用产业链上下游代表企业及相关高校院所、服务机构按照平等、合作、互助、互惠的原则，本着共创市场、共享资源、共同发展的理念，联合发起成立的。以推动安徽省新能源汽车动力蓄电池回收利用的技术进步和产业化，建立与完善新能源汽车动力蓄电池回收利用产业创新体系健康发展服务为联盟宗旨，在推动安徽省新能源电池回收利用领域发挥了突出作用。

中国科学技术大学季恒星课题组在新型锂离子电池电极材料研究方面取得重大突破，研究发现全新设计的黑磷复合材料使兼具高容量、快速充电且长寿命的锂离子电池成为可能，该研究成果发表在《科学》杂志上。季恒星等采用高能球磨的办法获得了黑磷纳米片与石墨纳米片并肩平行排列且通过碳－磷共价键连接的复合材料，使锂离子能够在复合材料内高效穿梭；更进一步通过聚苯胺包覆优化固态电解质界面膜，使锂离子能够快速进入复合材料。本工作对优选电极材料体系以及通过界面设计挖掘电极性能潜力具有重要的借鉴意义，以期推动锂离子电池的包括能量密度、功率密度和循环寿命在内的综合性能指标的进步。

合肥工业大学智能制造技术研究院充分发挥合肥工业大学的优势与特点，按照近期目标与中远期目标相结合，前瞻技术与解决行业、企业当前技术需求选相结合，建设公共服务平台与培养应用型人才相结合，发挥本地资源和国内外校友资源作用相结合，面向国内外高校、研究院遴选一批智能制造具有共性、基础性的项目，在合肥工业大学已积累的一大批成熟、可产业化的科技成果基础上，选择可产业化的技术领域，重点解决中试放大的市场应用"最后一公里"，主攻七大领域的研究。其中，节能与新能源汽车的研究包括：新能源汽车共性及关键技术研发、智能网联电动车质量检验检测、新能源汽车储供能技术、智能网联电动车数据服务等。

合肥工业大学以项宏发教授为代表的锂／钠电池材料与安全技术团队，主要从事锂离子电池关键材料与安全性技术研究，研究方向包括：①高安全性锂离子电池材料与技术，即阻燃电解液、功能添加剂、复合隔膜、固态电解质和固态电池、安全性机理研究；②锂离子电池电极材料研究，即硅碳负极材料、钛酸锂负极、石墨烯复合材料和高比能正极材料包括高电压钴酸锂、高镍三元、富锂锰基和镍锰尖晶石等；③新型电池研究，即锂／钠金属电池、钠离子电池、锂硫电池。团队至今承担国家自然科学基金 6 项，省部级和企业委托项目 20 余项。至今发表锂电池相关高水平论文 200 余篇，获授权发明专利 10 余项，实现成果转化 2 项。其中，锂电池高安全性电解质的研发与产业化项目，以 2 项专利技术入股安徽圣格能源科技有限公司，参与建成 1 条年产 2000t，规划年产能 6000t 的锂离子电池高安全性电解质生产线，有效带动上下游产业链的发展。成果对学术界和产业界产生了重要影响，有效提升了国轩等企业动力蓄电池安全性，在新能源汽车领域取得了良好的应用效果，也为在储能领域的市场拓展打下良好的基础。

安徽大学物质科学与信息技术研究院能源所张朝峰及鹿可课题组均在 *Advanced Functional Materials* 上发表最新研究结果，报道了电池领域的最新研究进展。其研究发现：安全性能和体积能量密度对于金属离子电池越来越重要。该研究得到了安徽大学高层次人才启动基金和国家自然科学基金的支持。

合肥学院先进制造学院杨续来课题组主要研究方向为新能源汽车。基于模型的电池设计与智能制造技术开发项目，获批国家重点研发计划；基于主动安全的三元电池及其系统集成技术研究获得安徽省重大科技专项；锂离子电池模块热失控传播机制与防控方法获得国家自然科学基金面上项目；参与 GB/T 33827—2017《锂电池用纳米负极材料中磁性物质含量的测定方法》的编制等。

（2）安徽省电池回收利用相关代表企业的技术研发和运行情况

一是新能源电池生产环节，以安徽国轩高科为首的动力蓄电池企业逐渐在电池供应环节形成产业优势，并逐步建立回收体系。

合肥国轩高科动力能源有限公司针对电池成本和电芯适应性问题自主研发了磷酸铁锂 210W·h/kg 单体电池及 JTM 电池两款新品。磷酸铁锂 210W·h/kg 单体电池通过采用自主研发高性能磷酸铁锂电池正极材料、首次应用硅负极材料，以及先进的预锂化技术，质量能量密度已超过了三元常规 523 电池的水平，接近三元 622 的能量密度，且安全可靠，是目前业界已知的最高水平。JTM 电池引入从卷芯直接到模组的一体化制造技术，可实现在一条生产线上生产广泛适应的电池产品，在降低生产成本的基础上大幅提升电池性能和普适性。大众汽车和国轩高科成立项目团队合作开发 MEB 项目，兼顾三元和磷酸铁锂两种化学体系，预计 2023 年实现量产。国轩高科计划完成包河综合实验中心、上海嘉定产品实验中心、合肥新站试制中心和庐江系统安全和材料测评中心四大验证基地建设，并在材料开发、电芯开发、系统产品开发、储能产品开发、信息化建设和产线建设等方面持续发力。国轩高科将在肥东县合肥循环经济示范园区建设锂离子电池回收利用基地，逐步构建"回收网络 – 梯次利用 – 资源循环利用 – 残余物安全无害处置"回收利用产业链。

二是整车生产环节，整车企业与产业链上下游企业合作共建，实现动力蓄电池有序回收。

安徽江淮汽车集团股份有限公司（以下简称安徽江淮）和奇瑞新能源汽车股份有限公司（以下简称奇瑞新能源）等整车企业坐落于安徽省。整车企业通过与电池生产企业、报废汽车回收拆解企业、综合利用企业通过多种形式开展战略合作，借助 4S 店及其他回收渠道，实现动力蓄电池的有序回收。

三是电池回收利用环节，以安徽绿沃、池州西恩为代表的企业在梯次利用及再生领域提供技术保障及体系化管理。

电池回收利用领域，安徽绿沃循环能源科技有限公司（以下简称安徽绿沃）建设了磷酸铁锂电池包拆解专线及三元电池包拆解专线，结合设计方案，合作研发高精度精铣设备，购置或定制了完善的检测、拆解、重组、溯源和研发试验设备，同时配套了相应的分类收集储存、安全消防和完善的污染物在线监控设备，为废旧电池综合利用提供了硬件保障。产品系列覆盖低速动力领域和储能领域，锂电池应用场景不断拓宽、个性化应用需求不断提升，强化产品技术开发能力和创新能力，突破同质化竞争。安徽绿沃采用了行业较为先进和成熟的模块拆解和组装工艺技术，开发了大数据驱动的梯次电池快速准确的残值评估技术、基于正排与错排混合排布的圆柱形梯次电池成组布局技术等新技术，不断对工艺技术进行优化、改善，在满足处理和生产需求的同时实现节能、环保，为废旧电池综合利用提供了技术保障。此外，安徽绿沃建设了大数据中心，通过大数据服务平台可实现新能源全生命周期的闭环溯源管理，包括新能源动力蓄电池研发、生产及销售溯源管理、新能源汽车三电（电池、电机、电控）监控及预警管理、回收溯源管理、电池梯次利用产品的研发、生产及销售溯源管理，通过大数据平台达到来源可查、去向可追、节点可控、责任可究的目的，提供数据共享。大数据服务中心在满足公司自身需要的同时，还可以围绕动力蓄电池全生命周期各个环节，面向上下游企业，包括电池生产企业、车辆经销商、充电桩等运维企业、回收拆解企业、梯次利用企业、高等院校等提供针对性的系列服务，如研发设计、产品检测与溯源、信息化、技术咨询等功能。全生命周期管理建设的开展为废旧电池综合利用提供了体系保障。

池州西恩新材料科技有限公司通过全资源化的环保技术思路，对废弃物进行无害化处理并对金属富集回收。在综合利用的过程中将固废最后制成可用于喷砂除锈或制备优质水泥的耐磨材料，废水实现 24h 监控，硫化气体通过先进的烟气脱硫设备制成亚硫酸钠，可作为工业生产的基础原料。通过不断突破的技术进步和可持续的环保理念，打造金属材料的绿色循环体系。池洲西恩致力于突破工业废弃物再生循环在实际生产中的技术和经济性难题，现已建成 20万 t 固废、危废综合处理回收线，并取得 20 万 t 危废综合利用资质。公司的固废、危废综合处理项目采用国内外先进的常温常压湿法金属萃取分离技术和火法富氧侧吹熔池熔炼工艺，可以针对不同含量的工业固废、危废进行高效的资源回收和无害化处理，并产出硫酸镍、冰铜冰镍、钴盐、阴极铜、耐磨材料、亚硫酸钠等综合利用产品。该项目的实施有助于解决长三角新能源汽车产业即将面临的动力蓄电池报废处理带来的环境难题，并通过回收大量镍钴锂等战略性金属资源，实现资源回收再利用，助力新能源汽车行业的可持续发展。

5.2.3 电池回收利用重点问题及下一步重点工作

（1）重点问题

安徽省新能源电池回收利用领域已经取得了显著的成果，但仍然存在一系列相关问题，主要表现在如下 3 点：

1）电池回收市场有待进一步规范。部分报废新能源机动车未能流向正规回收渠道，影响了正规企业回收工作的开展，带来了一系列安全和环保隐患，阻碍了动力蓄电池全过程溯源管理的实施。

2）网点运营模式有待进一步探索。目前，车辆经销商自建的回收网点维护运营成本相对于第三方集中回收网点成本较高，导致各车辆经销商的积极性不高，自建网点运营模式仍需进一步探索。

3）部分企业在国家溯源平台注册和上传数据进展滞后。个别报废汽车回收拆解企业环评未通过，未获国家溯源平台注册审核同意，回收利用企业、回收拆解企业等存在不同程度的上传数据滞后问题。

（2）重点工作

下一步，安徽省新能源电池回收利用的重点工作主要从培育回收利用区域中心企业、做好动力蓄电池综合利用监测工作、推动产业链上下游协同发展三个层面展开。

1）培育回收利用区域中心企业（站）。鼓励新能源汽车生产企业、电池生产企业、梯次利用企业通过自建或共建方式建设区域中心企业（站），再生利用企业、汽车拆解企业、检测企业可通过参与共建的方式建设区域中心企业（站）。逐步形成每个区市设一家区域中心企业（站）。

2）做好动力蓄电池综合利用监测工作。督促建立健全动力蓄电池利用企业管理台账，指导企业规范开展动力蓄电池综合利用工作并按日记录电池信息、按月上报动力蓄电池动态监测报表。同时，将利用"BIN 云查平台"手持式终端设备，不定期开展现场审核督导。

3）推进产业链上下游协同发展。以产业联盟为纽带，进一步完善产业链条、强化科技创新、聚合各类资源、落实试点任务、加强服务供给，形成监管合力，加快构建新能源汽车动力蓄电池回收利用产业链闭环，形成集群化发展趋势，全面提升动力蓄电池回收利用行业水平。

第6章 企业案例

新能源汽车产业进入发展快车道，动力蓄电池退役量也将会在未来几年高速增长。本报告通过分别对国内典型动力蓄电池回收利用企业的技术创新、典型产品、回收网点等维度展开分析，总结国内动力蓄电池回收利用产业发展成果，为动力蓄电池回收行业合规化、高质量、高效化、智能化方向发展提供一定的经验借鉴。

6.1 浙江华友钴业股份有限公司

（1）企业简介

浙江华友钴业股份有限公司（以下简称华友钴业）主要致力于钴材料和新能源锂电材料的研发与制造。目前，华友钴业逐步打造成钴镍资源开发、钴材料、新能源锂电材料到动力蓄电池循环利用的纵向一体化产业结构（图6-1）。为推进产业链一体化布局，华友钴业于2017年成立华友循环产业集团（简称华友循环），致力于退役动力蓄电池综合利用，业务涵盖新能源汽车后市场服务、退役动力蓄电池回收、梯次利用研究推广和关键材料再生技术研究及推广。

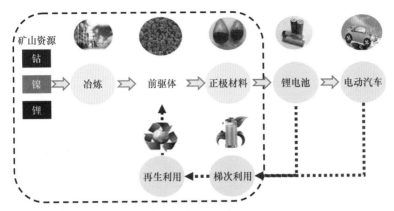

图 6-1 华友钴业围绕动力蓄电池的全生命周期产业链布局

2018 年，浙江华友钴业股份有限公司全资子公司衢州华友钴新材料有限公司被工业和信息化部列入《新能源汽车废旧动力蓄电池综合利用行业规范条件》第一批企业名单（工业和信息化部公告 2018 年第 40 号），并于当年完成内部溯源系统开发，实现退役动力蓄电池从"交付→运输→入库→拆解→资源化"等全流程的数据监控，电池信息实时和国家溯源平台对接。2021 年 1 月，华友循环下属子公司衢州华友资源再生科技有限公司（以下简称华友资源再生）被工业和信息化部列入《新能源汽车废旧动力蓄电池综合利用行业规范条件》第二批企业名单（工业和信息化部公告 2021 年第 3 号），同时取得梯次利用和再生利用双项资质，实现再生材料 100% 可追溯。

（2）技术创新和模式创新

在动力蓄电池回收过程安全保障方面，目前华友钴业已自主开发完成退役动力蓄电池专用安全铁箱和安全防爆箱，用于满足高安全风险电池包的包装运输要求。同时，华友钴业严格按照危险品运输管理规定，使用第九类危险品专用运输车对电池包进行运输，并自主研发了行业内安全等级最高的电池包自动化安全仓储，每个安全储存箱可实现六面封闭结构，内部安装独立烟感、温感报警装置和七氟丙烷、消防水灭火装置和独立排水系统，能够有效检测和保障电池包的储存安全。此外，华友钴业在电池包先进化拆解领域进行了深入探索，自主研发了具备高度自动化的电池包柔性拆解生产线，打造了"客户端检验→包装→运输→仓储→生产管理→安全保障"全流程的退役动力蓄电池回收安全管控体系（图 6-2）。

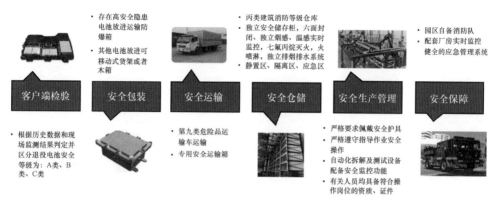

图 6-2　华友钴业退役动力蓄电池回收安全管控体系

模式创新方面，依托于集团一体化产业结构，华友钴业深度推进多种创新合作模式，积极推广新能源汽车退役动力蓄电池回收利用试点示范工作：

一是梯次利用领域，与产业链上下游企业共同打造梯次利用产品，拓展多应用场景技术研究和模式创新。

华友钴业通过和整车企业以数据共享、残值和安全评估等方式进行梯次电池检测分选，共同开发梯次利用产品，并应用到不同的场景，打造"梯次电池初步分选→产品研发、打造及核心 BMS 研究→商业市场模式"一体化的开发和推广，在延长了电池使用寿命的同时，创造了电池附加经济价值，间接降低了电池生产成本。

在梯次利用市场合作方面，华友钴业于 2019 年联合丰田汽车公司、丰田通商共建退役动力蓄电池梯次利用技术研究项目，在退役动力蓄电池回收、快速判别、相关梯次利用技术的研究开发及应用等各领域，进行研究、技术交流和实践验证。2021 年，华友钴业与华晨宝马等主机厂进行"铅酸改锂电"叉车梯次电池的开发与实践。在梯次产品市场实践方面，截至 2021 年 5 月，华友钴业共有 16000 组低速车梯次利用产品在国内市场运营，为国内 65 个城市提供租赁服务。此外，华友钴业创新性地推出了低速锂电大数据平台等梯次利用配套服务系统，能实时监控梯次利用产品安全状态、电量状态和定位状态，在异常情况下能提供实时预警和推送通知，解决了梯次利用产品运营过程的安全和追踪问题，为梯次利用产品运营过程中的安全监控和有效追溯提供了有力保障。

二是再生利用领域，"废料换材料"创新模式实现退役动力蓄电池价值链闭环管理。

作为退役电池综合利用企业，华友钴业具备同时实现"矿山冶炼"和"再生材料"分离／独立冶炼的生产能力，再生产品主要为硫酸钴、硫酸镍、硫酸锰和碳酸锂等电池级原料，形成了整车企业向华友钴业提供退役动力蓄电池，华友钴业向汽车生产企业提供等量金属的锂电原材料的创新模式。通过生产三元前驱体等锂电新能源材料，再重新回到动力蓄电池生产中，实现从废电池中来、到新电池中去的价值链闭环，保障彼此资源供应，降低双方原材料及制造成本，促进行业健康有序发展。

三是开展退役动力蓄电池综合利用全流程合作。

华友钴业与整车企业达成全方位的深度战略合作。一方面，积极探索"检测分选、梯次利用、网点规划、再生利用、碳排放研究"等合作模式，根据双方业务发展规划，分阶段推进梯次利用、再生利用产业链的重点流程股权合作；另一方面，搭建回收服务网点共享模式，利用全国"收集型"和"集中贮存型"回收服务网点，与客户共享使用；再次，在与整车企业开展战略合作方面，开展梯次利用产品商业市场共同开发，开展再生利用"废料变材料"领域一体化战略合作，随着合作内容和研究领域的推进，为行业提供切实可行的、可复制的商业合作模式范例。

6.2 赣州市豪鹏科技有限公司

（1）企业简介

赣州市豪鹏科技有限公司（以下简称赣州豪鹏）被工业和信息化部列入《新能源汽车废旧动力蓄电池综合利用行业规范条件》第一批企业名单（工业和信息化部公告 2018 年第 40 号），主要业务范围包括废旧新能源汽车动力蓄电池回收及梯次利用、废旧电池无害化和资源循环利用等业务，现有处理能力 10000t/ 年。赣州豪鹏通过整合产业资源，形成"材料 – 电池 – 新能源整车制造 – 动力锂电池回收"上下游企业联动的产业体系，目前已成为国内外多家整车企业和电池生产企业的配套商。

（2）技术创新

电池梯次利用领域，赣州豪鹏开发的异构兼容梯次利用系列技术，可实现不同状态退役电池的交叉使用和替换。基于此技术开发了 500kW·h 梯次利用储能系统（图 6-3），该系统支持接入各种新能源发电设备、负荷设备、储能设备、动环监测设备等；储能系统的能量调度策略可以根据电网峰、平、谷段电价和储能电池的 SOC 灵活地调整 / 设置，系统接受能量管理系统（EMS）的调度，由能量管理系统进行智能化充放电控制，该储能系统具备完善的通信、检测、管理、控制、预警和保护功能，长时间持续安全运行，可通过上位机软件对系统运行状态进行检测，具备丰富的数据分析功能。此外，赣州豪鹏与中国铁塔股份有限公司赣州市分公司合作成立创新研究中心，深耕退役动力蓄电池在基站、备电等方面的技术开发与应用。

图 6-3　赣州豪鹏 500kW·h 梯次利用储能系统

再生利用领域，赣州豪鹏通过研制并应用金属锂回收提纯、负极碳粉回收利用、电池粉料连续浸出工艺、镍钴锰协同萃取提纯、钴镍锰离子交换净化、精细拆解等技术，与中国科学院过程工程研究所等单位共同研制的退役锂离子电池短程回收技术，大幅简化了废旧新能源电池处理流程，并降低了二次污染。

6.3 格林美（武汉）动力电池回收有限公司

（1）企业简介

格林美（武汉）动力电池回收有限公司（以下简称格林美）是格林美股份有限公司旗下子公司，主要经营新能源汽车废旧动力蓄电池回收、拆解、循环利用业务。格林美致力于构建"2+N"动力蓄电池回收利用产业体系（表6-1），目前已建成华中"武汉–荆门"、华东"无锡–余姚–泰兴"两个全国性处置中心，具备"拆解–梯次利用–再生利用"全流程处置能力；在京津冀、长三角、珠三角等新能源优势产业集聚地区建设区域性拆解、梯次利用中心；同时在韩国、印尼、非洲协作建设海外动力蓄电池回收利用网络。公司下设武汉、江苏、浙江、天津、深圳5家动力蓄电池回收利用公司，建成横贯南北、辐射东西、布局全球的动力蓄电池回收利用企业集团。

表6-1 格林美"2+N"动力蓄电池回收循环利用产业体系

"2"全国性处置中心	"N"区域回收利用中心
华中（武汉–荆门） 华东（无锡–余姚–泰兴）	广东深圳：辐射珠三角地区 江西丰城：辐射华东地区 天津静海：辐射京津冀地区 河南兰考：辐射中原地区 韩国：辐射东北亚 印尼：辐射东南亚

目前，格林美已申请电池相关专利320余项，授权200余项，主导、参与国家、行业标准近60项。同时，格林美与全球280余家电池厂商及车企建立废旧电池定向回收合作关系，打造"电池回收–原料再造–材料再造–电池包再造–再使用–梯次利用"全生命周期价值链体系，实现废旧电池变废为

宝、循环利用。

（2）技术创新

格林美以技术装备、产业痛点难点为创新抓手，积极开展创新研发和产业实践，在电池拆解技术、梯次产品利用、电池信息溯源管理等领域相继开展应用。

一是回收拆解领域，创新拆解新技术、新工艺。由于电池种类及结构复杂多样，电池使用寿命状况也具有多样性，为拆解利用带来了困难。针对此难题，动力蓄电池回收利用从科学、经济角度遵循先梯次后再生的循环利用原则，格林美创新研发智能化成套装备，将新技术和新理念运用到电池包拆解设备中来，如机器视觉识别、柔性混流拆解、拆解深度智能决策和 AI 拆解等技术已在逐步运用。

二是梯次利用领域，开发梯次利用多元化产品，深入推进高值化综合利用。格林美梯次利用废旧动力蓄电池主要开发应用于储能电站、工业不间断电源（UPS）等领域的整包级梯次产品，2020 年生产用于市政路灯、工程机械、低速电动车、路灯电池等领域的梯次产品共计 3 万余组（图 6-4）。在智能化

a) 特种工程机械通用锂离子电池系列

b) 低速电动车用锂离子电池系列

c) 工业UPS系列

d) 集装箱式兆瓦级储能电站

图 6-4　格林美梯次利用产品

装备方面，配备国内领先的软硬件设施，建立起国内领先的动力蓄电池循环利用工程技术研究、验证平台，可对动力蓄电池包进行常规性能、可靠性、安全性检测。

三是持续升级再生利用技术工艺，实现协同萃取、定向除杂、有害元素深度脱除。再生利用废旧动力蓄电池有价金属资源，用于生产三元前驱体与正极材料，实现年再生利用金属钴 5000 余 t、金属镍 10000 余 t。目前，格林美三元材料产品销量已占国内三元材料市场份额的 20% 以上，主要向三星 SDI、宁德时代等电池生产企业供应原材料。

四是模式创新，大力推动全产业链发展闭环。企业积极参与国内外产业链协作，发挥带动作用，探索新型商业模式，与韩国浦项市政府共同推进废旧动力蓄电池回收利用，与三星 SDI、ECOPRO、北汽、东风、比亚迪等 290 余家国内外相关企业合作构建"电池回收 – 原料再造 – 材料再造 – 电池再造 – 再使用 – 梯次利用 – 报废"的绿色供应链、价值链、责任链（图 6-5），促进行业绿色发展。

图 6-5　格林美新能源全生命周期价值链

6.4　广东邦普循环科技有限公司

（1）企业简介

广东邦普循环科技有限公司（以下简称广东邦普）同时具备电池回收和汽车回收双项目资质，主要业务范围包括数码电池（手机和笔记本计算机等数码电子产品用充电电池）和动力蓄电池（新能源汽车用动力蓄电池）回收处理、储能产品梯次利用，传统报废汽车回收拆解、关键零部件再制造，以及电池材料和汽车功能材料的工业生产、商业化循环服务。

产能方面，目前广东邦普已建成退役电池处理超 120000t/ 年、前驱体材料生产 40000t/ 年的能力。公司每年回收拆解报废汽车总量为 20000 辆、回收处理各种废旧电池超过 6000t，回收和再生产钢炉精料 18000t、有色金属 900t、非金属及其他材料 5000t，电池产品核心金属材料总回收率达到 99.3%，在全国以及海外设立六大基地，分别为佛山、长沙、宁波、宁德以及印尼纬达贝、莫罗瓦利基地。

（2）技术创新

广东邦普通过独创的"定向循环系统"和全球领先的"逆向产品定位设计"技术，将动力蓄电池材料循环再生成市场性价比较高的各级"镍钴盐中间体"和"电池前驱材料"等高端储能电极材料。

通过在退役电池回收领域成功开发和掌握废料与原料对接的"定向循环"技术，实现电池材料从废旧电池来，到全新电池去，整个过程历经前处理、湿法冶炼、前驱体、正极材料等一系列工艺处理流程。前端回收过程涉及无氧裂解、破碎分选等复杂工艺，实现了高回收率。后端产品再生制备应用结构设计、机理函数、机械函数、计算机模拟等技术实现产品性能提升，所制备的三元正极材料具有储能密度高、循环寿命长、性价比高、加工性能好等优点，实现电池回收与再生的节能化、环保化以及高质化。

6.5 广东光华科技股份有限公司

（1）企业简介

广东光华科技股份有限公司（以下简称光华科技）具备"动力蓄电池梯级利用 – 拆解分类利用 – 材料修复 – 有价金属回收 – 材料制造"全生命周期价值链技术和工程化能力。目前已在汕头建成一条年处理退役动力锂电池 15000t 的综合利用示范线，运行效果良好，多项金属回收率达到国内一流水平。公司主要围绕新能源汽车退役动力蓄电池循环梯次利用及无害化处理等领域开展工作。

（2）技术创新

光华科技着眼电池全生命周期应用和管理，成功开发了完整的电池光器件形态应用和软化学方法电池资源回收技术体系，实现电池器件形态功能充分利用和电池原材料高效闭合循环。

在电池器件形态应用环节，光华科技从电池电极活性物质化学级微粒一次团聚体到电池系统与超系统的功率、模拟和数字信息交互的电学单元性质视角，建立一系列电池评价模型，评估电池的即时和远期状态，进行产业链上下游供需匹配。同时，光华科技开发了主动调整电池状态的后装动力蓄电池性能提升服务。其基于电池状态估计，将全时并发同步虚能量总线的主动均衡技术应用于一致性水平发生变化的电池系统，连同动力蓄电池多维检测、智能评估等技术服务，可以消除一定水平的非直接芯源组性早期容量衰减，显著提高电池组输出容量，适当延长电池使用寿命（图 6-6）。

在梯次利用环节，为满足大规模储能系统市场需求，同时拓展动力蓄电池后生命周期应用领域，光华科技开发了大型储能电池系统完整解决方案，推出高性能、高安全性、适配多种电池、服务于多场景的大型电池储能系统（图 6-7）。该系统可实现灵活的资源配置，满足调频、扩容、移峰、提高电能质量、不间断电源保障等多种需求。同时，电池失效预测和多层级主、被动安全防护设计符合高级别安全标准。

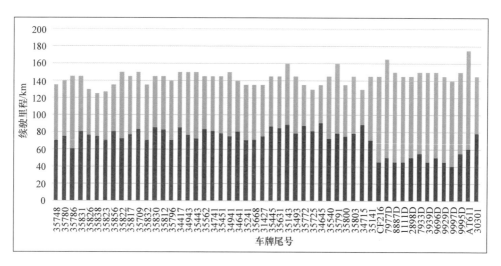

图 6-6 加装后装系统前后部分车辆续驶里程变化

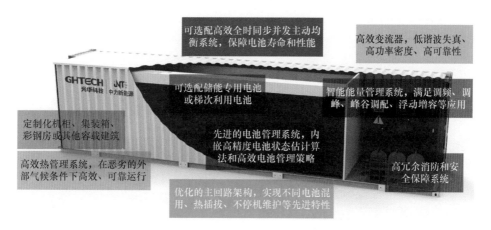

图 6-7 光华科技大型电池储能系统

在电池再生利用领域,通过采用高效软化学方法进行金属分离和提取技术,可将锂电池高价金属元素的回收率提高到 99% 以上,将电池全组分回收率提高到 96% 以上。此外,通过工艺优化,多种试剂实现循环利用,大幅减少了辅助试剂的用量。

6.6 浙江天能新材料有限公司

（1）企业简介

浙江天能新材料有限公司（以下简称浙江天能）为天能集团下属全资子公司，主要从事废旧锂离子电池、电池生产废料及含有镍、钴、铜、锰、锂、铝的有色金属的回收、处置与梯级利用等业务。产品涉及电池级硫酸钴、硫酸镍、硫酸锰、碳酸锂及铜、铝等有价金属元素，目前公司已具备万吨级年废旧新能源电池处理能力。

浙江天能在新能源电池回收领域拥有废旧动力锂电池无害化处理及活性物质分离回收和废旧动力锂电池贵金属材料高值组分分离两大核心工艺及其核心技术，主要涉及车用动力锂电池自动化拆解、物料快速智能分选、电解液无害化处理、高值组分协同浸出、多元复杂金属定向迁移、高效提锂和生产废水循环利用零排放技术。其中，4N级高纯碳酸锂、从废旧锂电池中回收制备的电池级高纯硫酸钴、废旧动力锂电池清洁回收绿色循环工艺等多项省级技术成果，均达到国内领先水平。相关工艺及技术领域已申请专利25件，其中发明专利17件、专利合作条约（PCT）1件。

（2）技术创新

在回收环节，浙江天能联合开发了一套智能化废旧新能源电池破碎设备（图6-8），集成了干法工序中的核心工艺，可实现机械破碎、电解液无害化处理、物料分级分选的自动化和智能化控制。该设备的工艺提高了处理废旧电池的普适性，可兼容处理多种形状、20余种类型的废旧锂离子电池；实现了高效分离正负极混合粉料（金属黑粉）与电池外壳、铜、铝，提高了铜、铝的回收率；采用低温炭化–高温燃烧工艺和烟尘集成处理系统，实现电解液的无害化处置。该设备采用可编程逻辑控制器（PLC）和数据采集系统，在关键质量控制点设置传感器和视觉识别检测系统，直观反映生产线的运行状态，并且可以及时调整生产工艺参数，提高机械破碎、电解液无害化处理以及物料分选的自动化程度，实现生产过程智能化控制。

图 6-8　智能化废旧新能源电池破碎设备

（3）模式创新

公司发挥天能集团的产业链整合优势，实现新能源电池回收利用的"外循环"和"内循环"双循环。"外循环"模式中，浙江天能依托对新能源电池制造、动力蓄电池销售门店、新能源电池回收网络三大环节的布局与把控，建立起与整车生产厂、电池材料加工厂合作共赢的新能源电池循环产业链，满足天能新材料的废旧动力蓄电池采购需求和电池材料加工厂的原料需求，实现产业链各环节信息对称、资源互补；"内循环"模式中，浙江天能在废旧新能源电池再生利用过程中使用的部分辅料来源于天能集团电池产业链中的副产品，并且完全实现自给自足，实现内部供需平衡；其次，浙江天能的新能源电池再生利用副产品，也在天能电池产业链中得到深加工，实现产品附加值的提升和废弃物的资源化。

第7章 国际趋势

新能源电池在生产、运输、使用等环节的安全风险监管问题亟待解决，而未经妥善回收利用的退役动力蓄电池将造成资源浪费，随意丢弃废旧动力蓄电池更会带来难以逆转的环境污染。欧洲、美国、日本、韩国在退役新能源电池回收利用领域已经建立了完善的电池回收体系。因此，本报告重点对典型国家退役新能源电池政策法规体系、电池回收利用模式等内容进行深入剖析，以期为我国新能源电池回收利用产业发展提供有价值的参考。

7.1 欧洲篇：严格执行生产者责任延伸制度，打造电池回收产业闭环

7.1.1 政策法规体系

电动汽车进入市场初期，欧盟最先进行了法律准备，已形成由动力蓄电池生产企业承担电池回收主要责任的生产者责任机制，配套政策体系相对完善，

但没有专门针对车用动力蓄电池回收利用的政策法规，主要依据 2000/53/EC《关于报废汽车的指令》、2006/66/EC《电池指令》、2008/98/EC《关于废物的指令》等指令约束车用动力蓄电池的回收利用。考虑到社会经济条件、技术发展、市场和电池使用情况的变化，欧盟对现行电池指令（2006/66/EC）进行现代化改造，于 2020 年 12 月 10 日发布新《电池法》草案，确保投放在欧盟的电池在生命周期中更具可持续性。另外，欧盟成员国需要根据自身国情制定相应法规，进一步明确国内法律，其中德国的做法最为典型，相继出台《电池法》《报废汽车回收法》和《循环经济法》，同时设立基金和押金制度完善回收体系市场化建设。

（1）欧洲最早关注电池回收，执行严格的生产者责任延伸制度

在电池回收领域，欧盟是最早关注电池回收并采取措施的地区。1991 年推出 91/157/EEC《含有某些危险物质的电池与蓄电池指令》，规定特定种类电池需要单独回收。欧盟在 3C 电池、铅酸电池的回收工作方面起步较早，积累了很多相关经验，但欧洲没有专门针对车用动力蓄电池回收利用的政策法规，适用于动力蓄电池回收的指令主要有 2000/53/EC《关于报废汽车的指令》、2006/66/EC《电池指令》（修订版 2008/12/EC《电池指令》）、2008/98/EC《关于废物的指令》。其中，2000 年，欧盟制定 2000/53/EC《关于报废汽车的技术指令》，规定成员国应确保工业电池和蓄电池生产商或其利益代表不能拒绝回收消费者最终废弃的工业电池和蓄电池；独立的第三方企业也能回收废弃的工业电池和蓄电池；所有电池生产商均须在销售电池的每个欧盟成员国注册；2006 年，欧盟出台 2006/66/EC《电池指令》，形成由动力蓄电池生产企业来承担回收主体责任的配套体系（生产者责任延伸制度）；2008 年，欧盟强制要求电池生产商建立汽车废旧电池回收体系，同时采用"押金制度"促使消费者主动上交废旧电池。

（2）2020 年底欧盟颁布新《电池法》，加速绿色经济转型

2020 年 12 月 10 日，欧盟委员会公布新《电池法》草案，由"指令"的管控形式改为"法规"，实现欧盟范围内的协调一致。《电池指令》将被废止，新《电池法》将于 2022 年 1 月 1 日正式实施，旨在推动电池价值链的可持续发展。

该法规适用于所有电池,但将电池重新划分为便携式电池、汽车电池、工业电池和电动汽车电池这四类,将电动汽车电池从工业电池中分离出来,作为单独一类进行管控。新《电池法》共包括 13 个章节、79 个条款和 14 个附件,后续将推出 30 个附属法例来支撑新法的实施(表 7-1)。

欧洲新《电池法》拟对可持续性和安全性、标签和信息、电池废弃物管理、电子信息交换等方面提出强制性要求(图 7-1)。

表 7-1　新《电池法》中重点条款与国内管理现状对比情况

章节	条款	国内情况比对
第 2 章　可持续和安全要求	条款 06 有害物质的限制	ELV 管理
	条款 07 碳足迹	管理空白
	条款 08 再生材料成分	
	条款 10 性能和耐久性	国标要求
	条款 12 安全性	
第 3 章　标签和信息要求	条款 13 电池标签	部分一致
	条款 14 关于健康状况和电池预期寿命的信息	
第 4 章　电池的符合性	条款 15 电池符合性推定	强制性检测
	条款 16 通用规范	
	条款 17 合格评定程序	
	条款 18 欧盟符合性声明	
	条款 19 欧洲认证合格性的一般原则	
	条款 20 贴上欧洲合格认证标志的规则和条件	
第 6 章　相关方义务(除第 7 章规定的义务)	条款 38 制造商的义务	管理空白
	条款 39 供应链尽职调查	
	条款 40 授权代表的义务	
	条款 41 进口商的义务	
	条款 42 经销商的义务	
	条款 43 履行服务提供商的义务	
	条款 44 进口商和分销商应履行制造商义务	
	条款 45 相关方识别	

135

（续）

章节	条款	国内情况比对
第7章　废旧电池管理	条款46 生产者登记	《管理办法》基本涵盖
	条款47 生产者责任延伸	
	条款49 废旧电池收集	
	条款50 经销商的义务	
	条款51 最终用户的义务	
	条款52 处理设施的义务	
	条款53 公共废物管理机构的参与	
	条款54 资源收集点的参与	
	条款56 处理和回收	
	条款57 回收效率和电池回收目标	
	条款58 废电池装运	
	条款59 再利用和再制造	
	条款60 寿命终止信息	
	条款61 向主管部门报告	
	条款62 向委员会报告	
第8章　电子信息交互	条款64 电子交互系统	部分一致修订中
	条款65 电子护照	

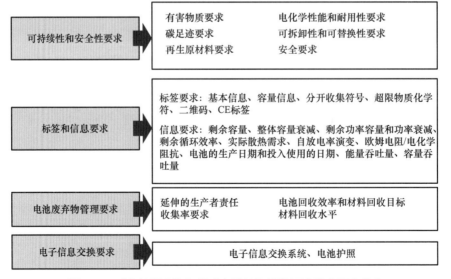

图7-1　《电池指令》与新《电池法》管控要求的主要变化点

1）可持续性和安全性要求：

① 有害物质要求：相较于 2000/53/EC 指令，2020 年欧洲新《电池法》仍保持现行电池指令中对汞和镉的限制，但对限制条件和豁免条件进行了更新（表 7-2）。

表 7-2　新《电池法》与 2000/53/EC 指令关于有害物质的限制条件区别

物质或类物质名称	新《电池法》限制条件	2000/53/EC 指令中的限制条件
汞 CAS 号：7439-97-6 EC 号：231-106-7 以及化合物	电池（无论是否装入电器中）所含的汞（按重量计），不得超过 0.0005%	2000/53/EC 指令掌控车辆中所要求的电池，均质材料中的汞不得超过 0.1%
镉 CAS 号：7439-97-6 EC 号：231-106-7 以及化合物	便携式电池（不论是否装入电器中）所含的镉（按重量计），不得超过 0.002%	2000/53/EC 指令掌控车辆中所要求的电池，均质材料中的镉不得超过 0.01%

② 碳足迹要求：新《电池法》对于电动汽车用动力蓄电池和可充电工业电池新增碳足迹的要求，该部分要求将分阶段实施。首先要求信息披露，然后进行分级，最后设定强制性限值。

a）2024 年 7 月 1 日起，电动汽车电池和可充电工业电池（容量 > 2kW·h）应随附技术文件，提供授权法案（2023 年 7 月 1 日前通过）规定的碳足迹声明（制造商、适用电池、产地、总碳足迹及不同阶段明细、第三方声明、计算过程文件的网络链接）。

b）2026 年 1 月 1 日起，必须按照碳足迹性能等级为电动汽车电池和可充电工业电池（容量 > 2kW·h）贴上相应标签，标签应明显、清晰易读、不可磨灭，并在技术文档中说明碳足迹及碳足迹性能等级（2024 年 12 月 31 日前发布细则）。

c）2027 年 7 月 1 日起，在随附的技术文件中证明电动汽车电池和可充电工业的生命周期碳足迹值低于授权法案（2026 年 7 月 1 日前发布）设定的最大限值。

③ 再生原材料要求：新《电池法》针对工业电池、电动汽车电池和汽车电池提出再生料成分的要求，该部分要求将分阶段实施。首先是制定计算

规则，然后是要求自我声明，最后是提出最低再生料成分比例的强制性要求（表 7-3）。

表 7-3　新《电池法》关于电池活性材料中再生材料含量的规定

时间节点	电池活性材料中再生材料含量			
	钴	铅	锂	镍
2025 年 12 月 31 日	委员会应通过实施法案，规定钴、铅、锂、镍再生材料成分的计算与核查方法，以及技术文件格式			
2027 年 1 月 1 日	要求附有技术文件，声明使用的再生材料含量			
2030 年 1 月 1 日	≥ 12%	≥ 85%	≥ 4%	≥ 4%
2035 年 1 月 1 日	≥ 20%	≥ 85%	≥ 10%	≥ 12%

备注：2027 年 12 月 31 日前，委员会可对相关目标进行修改。

④ 电化学性能和耐用性要求：新《电池法》规定了可充电工业电池和电动汽车电池的电化学性能和耐久性参数的信息要求。2024 年 12 月 31 日，欧盟委员会可通过授权法案，补充可充电工业电池和电动汽车电池（容量 > 2kW·h）电化学性能和耐久性参数的最小值。从 2026 年 1 月 1 日起，可充电工业电池和电动汽车电池（容量 > 2kW·h）应满足欧盟委员会规定的电化学性能和耐久性参数的最小值。

⑤ 可拆卸性和可替换性要求：使用寿命短于或等于电子设备的便携式电池，应方便最终用户和独立操作人员拆卸和更换。

⑥ 安全要求：固定式电池储能系统应在随附的技术文档中说明其在正常运行和使用期间是安全的，并包括其通过新法规草案附件所列安全参数的证据。

2）标签和信息要求：要求电池或电池包装上的标签含有寿命、充电容量、单独收集要求、有害物质和安全风险等相关信息。关于健康状况和电池预期寿命的信息要求方面，要求电池管理系统应包含确定电池的健康状态和预期寿命所需的信息和数据，并向电池购买方提供对电池管理系统中这些参数数据的访问权限，以进行电池残值评估，促进梯次利用（表 7-4）。

表 7-4　新《电池法》中关于电池标签二维码应包含的信息要求

时间节点	二维码应包含的信息			
	便携式电池	工业电池	电动汽车电池	汽车电池
2023 年 1 月 1 日	分开收集符＋超限物质化学符＋符合性声明	分开收集符＋超限物质化学符＋符合性声明	分开收集符＋超限物质化学符＋符合性声明	分开收集符＋超限物质化学符＋符合性声明
2023 年 7 月 1 日	报废信息	报废信息	报废信息	报废信息
法规生效后 12 个月	—	供应链尽职调查（可充电工业电池）	供应链尽职调查	—
2024 年 7 月 1 日	—	碳足迹声明	碳足迹声明	—
2026 年 1 月 1 日	—	碳足迹性能等级	碳足迹性能等级	—
2027 年 1 月 1 日	基本信息＋容量信息	基本信息＋再生原料信息	基本信息＋再生原料信息	基本信息＋再生原料信息＋容量信息

3）电池废弃物管理要求：

① 收集率要求：提出便携式电池的收集率要求，到 2023 年 12 月 31 日，对应 45%；到 2025 年 12 月 31 日，对应 65%；到 2030 年 12 月 31 日，对应 70%。

② 电池回收效率和材料回收目标：新《电池法》提出对废旧电池回收效率和材料回收的目标，回收过程应实现《电池法》规定的最低回收效率，包括所有收集的废电池都应进入回收过程；回收商应确保每个回收过程应分别达到法规规定的最低电池回收率和材料回收率水平（表 7-5、表 7-6）。

表 7-5　新《电池法》关于电池回收率的目标

时间节点	电池回收率		
	铅酸电池	锂基电池	其他废弃物
2025 年 1 月 1 日	75%	65%	50%
2030 年 1 月 1 日	80%	70%	—

表 7-6　新《电池法》关于材料回收率的目标

时间节点	材料回收率				
	钴	铜	铅	锂	镍
2026 年 1 月 1 日	90%	90%	90%	35%	90%
2030 年 1 月 1 日	95%	95%	95%	70%	95%

4）电子信息交换：新《电池法》拟于 2026 年 1 月 1 日建立一个通用的电池信息电子交换系统，该系统将包含内部存储及容量大于 2 kW·h 的可充电工业电池和电动汽车电池的信息。2026 年 1 月 1 日起，投放市场或投入使用的容量在 2kW·h 以上的工业电池和电动汽车电池应具有电子记录，即电池护照。

（3）欧盟成员国执行严格的生产者责任延伸制度

欧盟指令一般为欧盟成员国做政策性引导，成员国需要根据自身国情制定相应法规，进一步明确国内法律及相关标准。其中，德国的政策体系最为完善（表 7-7）。

表 7-7　部分欧盟成员国新能源电池回收政策框架

国家	颁布时间	政策名称	政策内容
德国	2009 年 6 月	电池法（BattG）	要求 2012 年电池收集率不低于 35%，2016 年提高到 45%，从而促进电池制造商和分销商加入 GRS 基金会或自行搭建回收系统
	2012 年 6 月	循环经济法	提出比欧盟更为严格的回收量化目标，采用欧盟提出的五步固废处理框架
	2021 年 1 月	新版电池法（BattG2）	从 2021 年 1 月 1 日起，所有制造商统一通过德国 EAR 官方办理注册申请，制造商提交的材料会被审核，德国联邦负责审批回收商的资质
法国	2009 年 9 月	法令 2009-1139	针对回收不同环节做出相应回收率要求（50% ~ 75%）
意大利	2008 年 11 月	法令 188/2008	推动了随后 12 个电池回收组织的成立，规定电池分销商和回收商在其网点提供收集盒，便于收集废旧电池
卢森堡	2008 年 12 月	电池及废旧电池法 2008	要求电池制造商向电池回收组织 Super Dreckskescht 提供资金支持

（续）

国家	颁布时间	政策名称	政策内容
荷兰	2008 年 9 月	电池监管法 2008	要求电池销售商负责回收电池，生产商在 2012 年达到 25% 的回收率目标
瑞典	2008 年 8 月	电池条例 2008：834	将电池回收义务转移到电池制造商
葡萄牙	2009 年	电池法 2009	赋予三家葡萄牙电池协会回收许可证，各地方提供的回收废旧电池服务由以上组织负责补偿

德国非常重视新能源电池回收利用工作，在电池回收的法律制度、责任分工、技术路线等方面取得显著成就。在新能源电池回收政策体系方面，德国实行责任、义务、法律三者相互融合贯通，德国政府根据欧盟颁布的 2000/53/EC《关于报废汽车的指令》、2006/66/EC《电池指令》、2008/98/EC《关于废物的指令》相继出台《电池法》《报废汽车回收法》和《循环经济法》，规定在废旧电池回收体系，电池领域生产者、消费者和回收者都有相应的责任和义务，电池生产商和进口商需要在政府部门进行登记；电池分销商负责建设电池回收网络，需要为终端用户提供回收选项，工业电池生产商必须为分销商提供免费回收废弃工业电池的选项；用户有义务将废旧电池交还相应的回收机构。

2021 年 1 月 1 日，德国新版《电池法》（BattG2）正式实施（表 7-8）。新《电池法》涉及的制造商包括首次将电池、蓄电池、带有内置或封闭式电池的设备投入德国市场上的制造商。因此，销售电池或产品含有电池的卖家使用自己品牌投入德国市场，也被认定是制造商，必须符合该电池法。覆盖电池类型包括电池、蓄电池品类（如 5 号电池）、内置电池的产品（如智能手表）、包含电池的产品（如含电池的电动玩具）。

表 7-8　德国新版《电池法》和旧版《电池法》的区别

内容类别	旧版《电池法》（BattG）	新版《电池法》（BattG2）
登记注册	仅需要在德国联邦环境署办理登记	从 2021 年 1 月 1 日起，所有制造商统一通过德国 EAR 官方办理注册申请（该机构同时也负责 WEEE 注册）
审核	德国官方不做审批也不对生产商提供的信息进行审核	制造商提交的材料会被审核
审批	德国各州负责回收商的审批	德国联邦负责审批回收商的资质

7.1.2　产业发展情况

根据 EV Volumes 数据显示，2020 年欧洲电动乘用车销量超过中国，达到 140 万辆，这主要得益于欧洲主要国家新能源汽车财政激励措施。随着汽车产业电动化及欧洲的减排压力加剧，电池需求量将会越来越大。根据麦肯锡相关研究报告显示，预计到 2040 年，欧洲电动汽车对于电池的需求量将达到每年 1200GW·h。根据 EAC 研究数据显示，2020 年欧洲动力蓄电池产业总产能约 29.5GW·h，预计到 2030 年，动力蓄电池总产能将达到 452.5GW·h，动力蓄电池回收利用产业将会迎来大规模退役。

欧盟主要通过电池产业联盟的形式建设电池回收渠道，开展电池回收利用。以德国为例，1998 年，由德国电池制造商协会和电子电器制造商协会推动成立的 GRS 基金是欧洲最大的锂电池回收组织，目前，该组织已有成员企业 4400 多家。在向基金会根据电池产量交纳一定的服务费后，电池企业可以享受共享回收网络。GRS 基金会于 2010 年开始回收工业电池，并随着储能产业的发展不断扩张回收版图。2019 年 9 月，德国联邦经济和能源部联合法国、意大利、芬兰、瑞典等 8 个国家组建欧洲第二个电池产业联盟，包括宝马、巴斯夫、瓦尔塔等企业都加入了该联盟。据统计，截至 2020 年，该系统共设有超过 15 万个回收点，共回收 9557.6t 电池，电池回收率为 46.6%，回收电池的再利用率达到 97.2%，成为德国乃至欧洲最高效的电池回收系统。

在企业层面，由于严格的生产者责任延伸制度，汽车生产企业积极投入废旧电池回收产业，推动电池梯次再利用。2021 年 2 月，大众汽车集团在德国萨尔茨吉特开设电动汽车电池回收再利用工厂，其目的是将锂、镍、锰、钴等有价值的原材料与铝、铜、塑料等常规材料形成闭环工业化回收，回收率达到 90% 以上。目前，该工厂还处于小型试验阶段，每年可以处理 3600 个电池系统，相当于 1500t 电池。未来伴随着电池回收管理流程的不断优化，工厂将进一步扩能并处理更大体量的退役电池。

2019 年，巴斯夫携法国公司埃赫曼和苏伊士，与欧盟创建的 EIT 原材料组织共同出资 470 万欧元，投入锂电池回收项目。该项目于 2020 年 1 月开始，其中苏伊士负责采集并拆解废旧电池，埃赫曼负责电池部件的回收，而巴斯夫则负责生产锂电池正极材料。此外，比利时 Umicore、法国 RECUPYL、英国 G&P Batteries、英国 AEA Technology、瑞士 BatrecIndustrie AG、德国 Accurec GmbH、德国 Rockwood Lithium GmbH 等在已有技术基础上延伸生产工艺，拓展电池回收业务，建设专业的废旧电池回收工厂，其中 Umicore 投资了 2500 万欧元在安特卫普建造工业锂电池回收试点工厂，与特斯拉和丰田开展合作。此外，南德意志集团受到联邦建筑、城市事务和空间发展研究所（BBSR）的委托，参与电动汽车电池阶梯利用的研究项目，并在德国柏林建立储能应用示范工程。

7.1.3　回收模式经验

（1）欧盟打造电池回收产业闭环，电池产业链所有参与者均承担相应义务

欧盟要求电池生产商必须建立汽车废旧电池回收体系，因此电池生产商、汽车生产商等企业组建行业联盟负责电池的最终回收；汽车经销商凭借网点分布范围广、渠道深入下沉等特点构建庞大的营销网络，能够更加便利地接触终端消费者，在整个回收体系中担任重要的衔接者，负责接收来自消费者丢弃的废旧电池，并最终将废旧电池运输给电池回收组织；汽车报废企业在汽车拆解过程中也承担电池回收义务，并送至电池回收组织。电池生产商、汽车生产商、经销商、消费者、汽车报废企业打造"电池生产 – 电池使用 – 电池回收 – 电池再利用"的产业链闭环（图 7-2），降低电池环境污染，提高电池利用效率。

在欧盟整体回收框架体系下，各成员国完善各国回收体系。德国利用基金和押金制度，已建立便携式电池和铅酸电池的回收利用体系，运行良好。除了 GRS 基金联盟之外，还有其他电池回收系统，如 CCR 公司 REBAT 回收系统，是一个以盈利为目的的回收系统，已在欧盟 13 个国家开展电池回收业务。

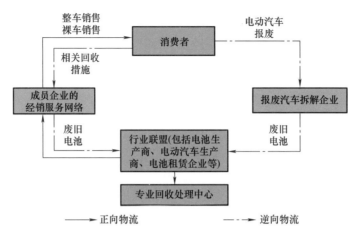

图 7-2　欧盟回收模式

资料来源：电动汽车动力蓄电池回收模式研究。

　　德国建立基金会形式的产业联盟，逐渐实现废旧电池回收体系市场化。1998 年，德国已通过关于废旧电池回收和处理的法规，并于 2009 年依据欧盟 2008/98/EC《关于废物的指令》和 2006/66/EC《电池指令》出台"电池法 BattG"。德国对污染严重的镍镉电池、含汞电池、铅酸蓄电池实行押金制度。消费者购买镍镉电池时，电池中含有 7.5 欧元的押金，当消费者以旧换新时，新电池价格中会扣除押金。消费者购买铅酸蓄电池时，必须同时交回旧的蓄电池，否则就必须缴纳 7.5 欧元押金。在严格的法律规定下，德国回收利用体系逐渐得以搭建。1998 年德国电池生产商和行业协会共同创建以基金会形式成立的"共同回收系统"（GRS），不以营利为目的，所有费用由加入该回收系统的电池生产商和销售商承担。电池企业按其电池的市场份额、重量与类型支付管理费用，以共享基金会回收网络。GRS 基金会于 2010 年开始回收工业电池，并随着储能产业的发展不断扩张回收版图，同年，与德国自行车协会合作回收电动自行车中的电池。

　　（2）欧盟计划未来完善电池回收工艺，提升回收流程经济性

　　为解决未来电池研发过程中所面临的各项挑战，欧盟提出"BAT-TERY2030+"，从原材料发展、电池和电池包设计制造、电池回收利用等方面，

给欧洲电池企业以及产业链所有参与者提供新的发展机遇和平台支持。欧盟基于对当下电池回收流程（图7-3）的分析，提出未来需要开发新型的、创新的、简单的、低成本的和高效率的回收流程，以保证电池全生命周期的低碳足迹和经济可行性，比如对活性材料采用直接方法回收，而不是多步骤回收的途径；采用直接修复或重新调节电极的方式即可使电池重新达到可工作的状态。同时，欧盟强调在整个回收过程中，研究者、电池生产企业、材料供应商、回收商要一起将回收策略及相关限制条件整合到新的电池设计中，并指出在电池设计时需要考虑三个维度：①整个生命周期可持续设计（包括生态设计和经济设计）；②电池及电池组拆解设计；③回收方法设计。

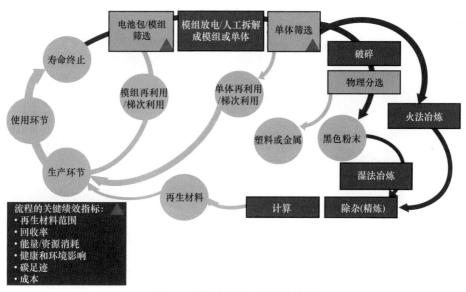

图 7-3　当下欧盟电池回收流程

资料来源：欧盟 "BATTERY2030+"。

欧盟认为未来电池回收重点主要集中在电池组件及单体的重复可利用性、碳足迹可追溯性、自动化拆解及选择性回收，因此欧盟计划在电池回收流程中进行相应优化设计（图7-4）。

在回收工艺及产物方面，欧洲各国在电池回收再生方面各有侧重（表7-9）。例如，英国 AEA 公司通过将退役电池在低温下破碎后，分离出钢材后加入乙腈作为有机溶剂提取电解液，再以 N- 甲基吡咯烷酮（NMP）为溶剂提取黏合剂（PVDF），然后对固体进行分选，得到 Cu、Al 和塑料，在 LiOH 溶液中电沉积回收溶液中的 Co，产物为 CoO；法国 Recupyl 电池回收有限公司针对锂电池回收领域，通过在惰性混合气体保护下对电池进行破碎，磁选分离得到塑料、钢铁和铜，以 LiOH 溶液浸出部分金属离子，不溶物再用硫酸浸出，加入 Na_2CO_3 得到 Cu 和其他金属的沉淀物，过滤后在滤液溶液中加入 NaClO 氧化处理得到 Co（OH）$_3$ 沉淀和 Li_2SO_4 的溶液，将惰性气体中的 CO_2 通入含 Li 的溶液中得到 Li_2CO_3 沉淀；比利时 Umicore 公司通过独立开发 ValEas 工艺，利用高温冶金法处理锂离子电池并制备出氢氧化钴 / 氯化钴，回收得到的钴化合物纯度较高，能够作为原材料直接返回锂电池的生产。

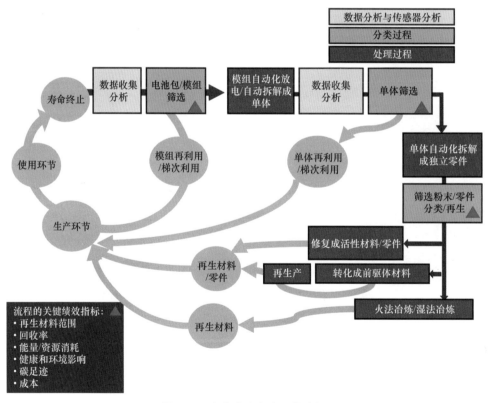

图 7-4　未来欧盟电池回收流程
资料来源：欧盟 "BATTERY2030+"。

表 7-9　欧洲主要电池回收公司的工艺及产物

国家	企业	回收工艺	产物
德国	Accurec Recycling GmbH	火法 - 湿法	钴合金、Li_2CO_3
	GRS Batterien	火法	合金
	IME	火法、湿法	合金，Ni、Co 氢氧化物
英国	AEA	湿法 - 电沉积	CoO
法国	Recupyl	湿法	Co（OH）$_3$、Li_2CO_3
	SNAM	火法	合金
瑞士	BatrecIndustrie AG	湿法、火法	化合物、合金
芬兰	Fortum	湿法	电池级锂、钴化合物
	Akkuser OY	机械破碎 - 火法	合金
比利时	Umicore	火法 - 湿法	镍钴合金、锂化合物

资料来源：《废旧动力蓄电池处理》，肖松文。

　　综上，欧洲非常重视新能源电池产业发展，政府部门相继出台一系列法规政策，促进欧洲新能源电池产业快速崛起。2020 年欧洲技术与创新平台"电池欧洲"（Batteries Europe）发布《欧洲电池行业短期研发创新优先事项》报告，欧盟提出"BATTERY2030+"，相继从原材料、电池设计及制造、电池回收利用全产业链开展布局，旨在通过加速技术创新研发推动完善电池产业布局。值得一提的是，2020 年 12 月 10 日，欧盟委员会发布新《电池法》草案。通过对污染物的限制、碳足迹、再生料成分、生产者责任延伸、尽职调查、全生命周期信息追溯等信息提出新的要求，旨在确保投放到欧盟市场的电池在整个生命周期中均具有可持续性和安全性。欧盟在新能源电池法律层面执行严格的生产者责任延伸制度值得国内新能源电池回收利用体系借鉴。此外，欧盟在新能源电池回收体系建设方面，企业之间建立的联盟体系如 GRS 基金联盟、CCR 公司 REBAT 回收系统等值得国内动力蓄电池回收体系领域借鉴。

7.2 日本篇：立法规范回收流程，明确生产商回收责任

7.2.1 政策法规体系

废旧电池回收是日本构建循环型社会建设的关键组成部分。日本拥有完善的废旧电池回收政策体系，推动构筑基本法、综合法、专项法多层次法律体系，为动力蓄电池回收打下基础。

（1）基本法

2000 年 6 月，日本政府公布《循环型社会形成促进基本法》，其主要内容包括：一是明确"循环型社会"的概念，即限制资源消耗、环境负担最小化的社会；二是对可回收利用的废物重新定义为"可循环资源"；三是明确垃圾处理的原则为"减量—回收利用—能量利用—安全处置"；四是明确"生产者责任"，企业对其产品从产生到最终处置负有主要责任；五是明确建立循环型社会的政府责任。

（2）综合法

1970 年，日本政府制定《固体废弃物管理和公共清洁法》，该法案规定加强对工业废物不当处置的处罚，强化废物认证单制；增加颁发或撤销废物处理设施许可证条件；增强公众对改善废物处理设施的参与，完善公共参与的法规；鼓励废物减量，由政府制定基本政策来减少废物产生。

1991 年，日本政府制定《促进资源有效利用法》，该法案规定将以往单纯作为原材料再生利用的"1R"转变为"3R"，即"减少废物产生—产品零部件的再利用—资源的再生利用"。它要求企业从产品设计阶段就要考虑减少废物的产生，采用可以循环利用的原材料。

（3）专项法

在具体行业和产品立法方面，日本政府提出了《汽车循环法案》，规定汽车厂商有义务回收废旧汽车，进行资源再利用，消费者要在购买新车时缴纳回

收再利用费,并要求在用车辆在法律实施后 3 年内缴纳回收再利用费。日本相关法律不仅明确了电池回收再利用的责任和义务,还从规范生产环节着手,保证电池回收再利用工作顺利开展。

目前,日本尚未制定针对车用动力蓄电池循环利用的政策法规,只是在汽车回收利用法中规定,报废汽车回收拆解企业拥有拆卸电池的义务,由汽车生产企业自主制定动力蓄电池回收方案和构建回收体系。完善的电池回收体系可以为动力蓄电池回收奠定基础,为动力蓄电池回收责任分配、体系搭建提供借鉴意义。

7.2.2　产业发展情况

日本整车企业在电池回收利用方面进行积极探索。丰田于 2015 年开始电动化汽车全生命周期的业务布局,启动了动力蓄电池的回收工作;2018 年,丰田与日本中部电力公司达成了合作关系,共同研发了一套全新的大容量蓄电池组系统,解决了废旧电池回收再利用的难题;2019 年,丰田汽车在泰国北柳府开设了一家电池生命周期管理工厂,用于管理在泰国销售的混合动力车载电池。在电池梯次利用领域,日产和住友成立 4R Energy 公司(简称 4R 公司),本着"再利用、再转售、再制造、再循环"的回收理念,致力于退役电池梯次利用(表 7-10)。

表 7-10　4R 公司电池回收利用理念

理念	相关说明
再利用(Reuse)	高剩余容量电池(容量 70%~80%)二次利用
再转售(Resell)	根据不同用途重新销售电池
再制造(Refabricate)	电池包分解后重新包装,以满足不同顾客的需求
再循环(Recycle)	回收报废电池中的原材料

资料来源:公开资料整理。

日本 4R 公司在住宅领域将高容量退役动力蓄电池与太阳能电池板组合进行能源储存的技术研发及应用快速发展,从而给退役电池在住宅停电时作为备用能源、房屋节能等功能上树立了梯次利用的范本(图 7-5)。另外,4R

株式会社对于不同电池容量的退役动力蓄电池梯次利用领域进行划分，其中 10~24kW·h、100kW·h 是当前 4R 公司发展的重点（图 7-6）。

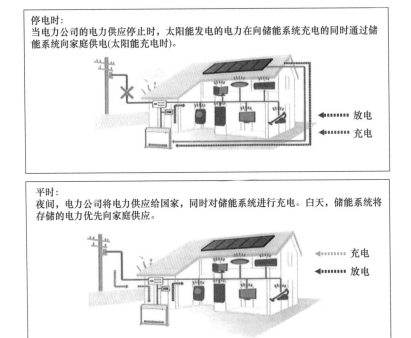

图 7-5　4R 公司在住宅上将退役动力蓄电池与太阳能电池板组合进行能源储存

资料来源：4R 株式会社官网。

图 7-6　4R 株式会社对于不同电池容量的退役动力蓄电池梯次利用领域划分

资料来源：4R 株式会社官网。

　　此外，日本政府也在积极探索商业模式，日本汽车制造商协会包括经济、贸易和工业部组织成立"日本汽车循环利用协作机构"，总部位于东京，在日本北海道、秋田县、茨城县、爱知县、冈山县、广岛县、山口县分别建立了7个工厂，同时建立了更多的电池回收点，汽车生产企业可以将旧电池交给协作机构来处理，前者按比例向后者缴纳处理费即可，日本大型汽车制造商及各大进口汽车公司、EV研发新兴企业均参与此次合作（图7-7）。

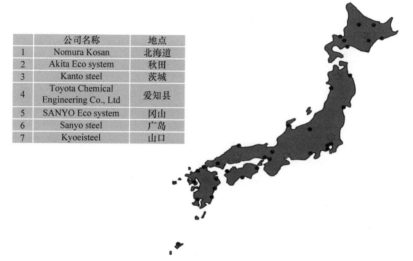

	公司名称	地点
1	Nomura Kosan	北海道
2	Akita Eco system	秋田
3	Kanto steel	茨城
4	Toyota Chemical Engineering Co., Ltd	爱知县
5	SANYO Eco system	冈山
6	Sanyo steel	广岛
7	Kyoeisteel	山口

图 7-7　日本汽车循环利用协作机构锂电池回收工厂分布

资料来源：Outlook on the Recycling of Electric Vehicle Batteries in Asia-Pacific Region。

7.2.3　回收模式经验

　　（1）电池回收体系建设方面，电池生产商为责任主体，搭建回收体系

　　日本的电池回收体系构建时间较早，从1994年开始，日本电池生产企业开始执行电池回收计划，建立起"生产－销售－回收"的逆向物流电池回收利用体系，这种回收再利用系统是建立在每一个厂家自愿努力的基础上，零售商家、汽车经销商、加油站等免费从消费者那里回收废旧电池，动力蓄电池生产商统一回收后交给专业的回收公司，最后专业的回收公司对废旧电池进行分解处理（图7-8）。

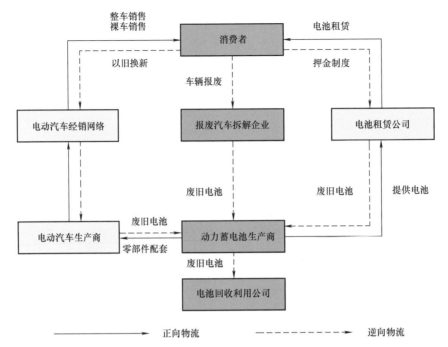

图 7-8 动力蓄电池生产商废旧电池回收模式关系图

资料来源：电动汽车动力蓄电池回收模式研究。

日本汽车生产企业在进行产品市场投入时，已经建立废旧电池回收方案，汽车生产企业与报废汽车协会向报废汽车回收拆解企业提供拆解手册、电池拆卸手册等信息，形成规范统一的回收流程。日本汽车生产企业回收电池主要来源于两个渠道，一是通过自己控制的售后经销商网络回收汽车使用过程中更换下来的电池，回收率可达 100%；二是通过支付拆解手续费，从报废汽车回收拆解企业手中回收电池，但是回收率不到 50%。

（2）第三方机构协助汽车生产企业回收废旧新能源电池

2004 年，五十铃、铃木、丰田、日产等企业组织成立汽车资源开发合作组织（JARP），该组织建立 LiB 联合回收系统，并于 2018 年 10 月开始运营，免费支持各参与方在全国范围内开展废旧动力蓄电池包的回收业务。在 LiB 系统中，JARP 担任中间枢纽角色，协助汽车生产企业回收废旧动力蓄电池，电池拆卸企业、电池处理企业可将电池需求发送给 JARP，JARP 根据需求将动力蓄电池包装好并免费运输到资源化处理企业（图 7-9）。

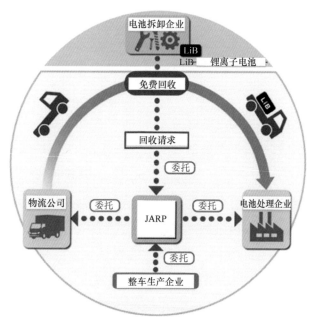

图 7-9　日本 JARP 构建的 LiB 联合回收系统运作流程

资料来源：JARP 官网。

（3）电池回收利用领域回收工艺多元化

在电池回收类型方面，目前市场上存在多种电动汽车蓄电池，汽车生产商在电池回收过程中会根据自身业务需求选择性地回收电池，像丰田、三菱等企业以回收锂电池、镍氢电池为主，斯巴鲁则主要回收镍氢电池（表 7-11）。

表 7-11　电动汽车电池回收企业分布

镍氢电池	锂电池
	TOYOTA
	Honda
SUBARU	Mitsubishi Motors
TOYOTA	Isuzu Jidōsha Kabushiki
NISSAN	UD Trucks
HONDA	Mitsubishi FUSO Trucks and buses
MAZDA	NISSAN
Mitsubishi Motors	SUBARU
HINO Motors	MAZDA
	SUZUKI
	YAMAHA Motors

资料来源：Outlook on the Recycling of Electric Vehicle Batteries in Asia-Pacific Region。

在回收工艺方面，三菱采用火法拆分动力蓄电池，用液氮将废旧电池冷冻后拆解，分选出塑料，破碎、磁选、水洗得到钢铁，振动分离经筛选水洗后得到铜箔，剩余的颗粒进行燃烧得到 $LiCoO_2$，排出的气体用 $Ca(OH)_2$ 吸收得到 CaF_2 和 $Ca_3(PO_4)_2$；住友集团首先通过火法冶金方法去除废电池中的杂质，并得到铜钴镍合金，随后通过电解精炼的方法得到铜；接下来利用湿法冶金的方法得到镍钴化合物，用于制备合成锂离子电池正极材料所需的原料。该公司已经于 2019 年 3 月在日本新滨市建成试验工厂，并投入使用该工艺；丰田的材料回收工艺技术路线主要有两条：湿法工艺和高温冶炼工艺。2004 年，丰田使用酸作用于包含锂和过渡金属元素的复合氧化物，从而溶解锂和过渡金属氧化物，实现组分分离。2005 年，丰田利用草酸回收正极材料组分，并在中国、日本、韩国、美国等申请了有关锂电池处理方法的专利。

7.3 韩国篇：电池回收体系亟待建设，回收模式发展正当时

7.3.1 政策法规体系

针对生产环节，韩国政府执行严格的生产者责任延伸制度（Extended Producer Responsibility，EPR）。2003 年，韩国政府通过颁布《促进资源节约和再生利用法律》和《电器电子废物资源循环利用和报废汽车法案》，确立了生产者责任延伸制度的法律基础（图 7-10）。其中，《电器电子废物资源循环利用和报废汽车法案》明确产品生产者和进口商应当承担在产品中限制使用有毒有害物质、收集废弃产品并开展再生利用、对产品销售者明确其回收责任等内容；《促进资源节约和再生利用法律》明确生产者和进口商除了应当承担《电器电子废物资源循环利用和报废汽车法案》所规定的责任以外，还需要建立废物收集设施中心，支付地方政府用于废物收集工作的支出。

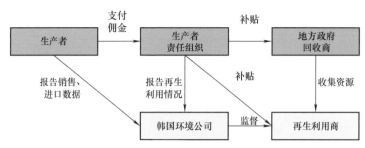

图 7-10 韩国 EPR 的责任分配机制

　　韩国政府每年会对电池生产者设定回收目标，生产者需要支持和配合当地政府进行废电池回收，并达到该年政府设定的回收目标，若达不到，电池生产者将被罚以重金以示警告。生产制造商和进口商必须自行出资建立从事回收利用的生产者责任组织，履行规定的回收和再生利用义务。生产者责任延伸制度系统运行所需的费用主要来自生产制造商和进口商向生产者责任组织缴纳的处理费。生产者责任组织按照季度收取佣金，行政管理费用完全由生产者负担，并利用收缴的处理费委托相关从业者开展废物再生利用。企业必须缴纳处理费的数量由法定强制回收目标数量决定，处理费的收费标准则由各生产者责任组织参考环境部发布的生产者责任延伸制度产品再生费率标准自主确定⊖。

　　在费用支持方面，韩国政府积极部署电动车辆废弃电池回收工作，并在 2015—2019 年间投资 1250 万欧元实施电池回收项目（表 7-12）。

表 7-12　韩国电池回收项目时间规划

时间	项目内容
2015 年	电池回收业务规划
2016 年	标准化体系建立
2017 年	电池回收中心建设；电池设备健康度评估建设、电池再包装技术发展
2018 年	产品商业化研究
2019 年	回收电池的性能和安全性评估；商业化支持

资料来源：The state of Art on the promotion, policy and technology for urban EV in Korea。

⊖ 孙绍锋，王兆龙，邓毅 . 韩国生产者责任延伸制实施情况及对我国的启示[J], 环境保护, 2017(01): 60-64.

在消费环节，韩国政府经历了从明确规定消费者电池返还义务到不再强制要求返还电池的政策过程。韩国于 20 世纪 90 年代颁布的《大气环境保护法》规定了消费者的义务，即消费者购买电动汽车获得补贴后，在汽车报废阶段，必须将电池返还到政府指定场所并且取得电池返还证明后，才能取消汽车登记。据韩联社报道，2019 年 3 月，韩国国会表决通过了《大气环境保护法》修订案，该修订案将环保汽车的义务普及制度实施范围从首都圈扩大到全国。2020 年 12 月 9 日，韩国《大气环境保护法》修订案正式通过，该法案规定，从 2021 年开始，在韩国登记的电动汽车将取消返还电池的义务，从 2022 年开始范围将扩大到以往登记的所有车辆电池。也就是说，如果电动汽车报废，则电池不用返还，还可以出售。

在废旧电池标准方面，韩国环境部和韩国国家技术标准院计划制定废电池性能、安全标准。韩国产业通商资源部有关人士表示，政府将重点构建由电池出租商将电池出租给需求商（出租车公司等）之后，再把使用过的电池用于可进行快速充电的储能系统等电池良性循环体系。

废旧电池市场出售能够刺激电池回收行业兴起，但是也会造成随意丢弃、环境污染的问题，因此韩国政府目前正在调研有关费用和方法，计划在 2024 年完成建设废旧电池产业园区。2020 年 12 月 18 日，韩国在世宗国策研究园区举行主题为"循环经济摸索电动车废旧电池的方向"讨论会，会上指出韩国应该在政策和技术标准两个维度对废旧动力蓄电池进行评估。

7.3.2 产业发展情况

根据现代汽车集团统计，2016—2020 年期间，韩国新能源汽车普及和出口量持续增加，截至 2020 年底，韩国新能源汽车累计销量达到 82 万辆，出口达到 28 万辆。根据韩国《新能源汽车法》规定，韩国新能源汽车发展规划每五年制定一次。2021 年 2 月 23 日，根据韩国产业通商资源部在国务会议上确定的第四期《新能源汽车发展规划（2021—2025）》（表 7-13），2025 年将建成以新能源汽车为中心的社会、产业生态,到 2025 年和 2030 年分别普及新能源汽车 283 万辆和 785 万辆,实现到 2030 年汽车碳减排 24% 的目标。

表 7-13　韩国新能源汽车销售目标　　　（单位：万辆）

分类	2020 年	2025 年	2030 年
混合动力汽车（HEV）/插电式混合动力汽车（PHEV）	67	150	400
纯电动汽车（BEV）	14	113	300
燃料电池电动汽车（FCEV）	1	20	85
总计	82	283	785

资料来源：韩国《新能源汽车发展规划（2021—2025）》。

伴随着韩国电动汽车的快速增长,相应的电池回收产业也将迎来加速增长,预计到 2035 年,回收电池数量将增加 187 万套。而根据韩国《环境日报》消息,截至 2020 年 11 月底,韩国返还的电动汽车废旧电池共有 456 套（内陆 318 套,济州岛 138 套）。

韩国企业已经开始布局电池回收,并开展多方合作。2019 年,韩国 Earth Tech 公司宣布投资 240 亿韩元（约合 1.4 亿元人民币）在全罗南道的灵光郡建设首个电池回收利用工厂,用于拆卸电动汽车以及回收废旧电池。该工厂每年可以拆卸 5000 辆电动汽车,处理 2000t 废旧电动汽车电池。

2020 年初,ECOPRO 公司与格林美成立关于新能源汽车电池梯次利用及循环再生项目相关的合资企业,主要布局高镍三元前驱体（表 7-14）。

表 7-14　格林美向 ECOPRO 公司提供三元前驱体计划　　（单位：万 t）

	总量	2019 年	2020 年	2021 年	2022—2023 年	2024—2026 年
ECOPRO	17	1.6	2.4	4	9	—
ECOPRO BM	10	—			10	

资料来源：鑫椤资讯。

2020 年初,韩国 GS 工程建设公司与浦项市签署了投资协议,投资 8600 万美元（约合人民币 6 亿元）在浦项免税区建立一个锂离子电池回收厂,提炼镍、钴、锂、锰等金属材料（图7-11）。

图7-11　GS锂离子电池回收厂回收流程
资料来源：根据公开资料整理。

2020年9月，据Business Korea报道，现代汽车与SK INNOVATION合作进行了出租、金融租赁等纯电动汽车的电池销售、电池管理服务、动力蓄电池的再使用及再利用验证项目。同时，SK INNOVATION回收搭载在起亚NIRO纯电动汽车的电池组进行验证，并研究报废车载电池用于储能系统（ESS）等其他用途，特别是提取电池内锂、镍、钴等具有经济价值的金属。

2021年2月，韩国现代、韩国贸易、工业和能源部、Hyundai Glovis、LG、KST Mobility签署关于电动汽车电池回收利用展开合作的谅解备忘录，其中韩国现代负责整体业务运营，同时向KST Mobility出售"KONA Electric"电动汽车；LG负责购买退役电池，分析其安全性和剩余价值，制造成储能系统（ESS），把能量储备系统用在快充设施上，出售给车辆运营商KST Mobility；KST Mobility将把新购电动汽车电池的所有权出售给Hyundai Glovis；Hyundai Glovis将提供电池租赁服务，并在首次使用后回收电池。

7.3.3　回收模式经验

韩国电动汽车电池回收体系目前仍处于探索阶段，但是随着韩国新能源汽车市场的飞速发展，其相应的电池回收也将在近年迎来快速增长，因此制定完备的电池回收体系迫在眉睫。韩国部分学者基于生产者责任制提出韩国动力蓄电池回收体系（图7-12），电池生产者成立生产者责任组织以统筹安排回收动力蓄电池的相关费用，并且政府通过补助金形式促进消费者将电池转交给政府指定回收中心，材料企业通过拆解回收获得金属并流转回生产商或进口商，从而形成电池回收的良好循环。

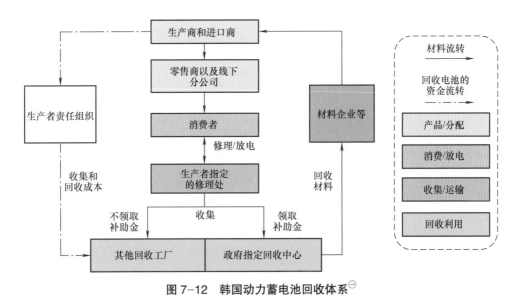

图 7-12　韩国动力蓄电池回收体系[⊖]

在回收工艺方面，韩国电池生产商 SKI 研究从电动汽车废电池正极中回收氢氧化锂的技术，通过这项技术，超过 80% 的锂离子电池材料可以被回收利用，从而能够回收高质量的镍和钴等关键正极金属。

综上，韩国通过立法明确新能源电池收集方式和回收率目标，同时强化政府监管和信息披露，国家和地方政府通过向回收利用企业提供资助和贷款等多种经济政策工具来促进生产者责任延伸制度的落地。在落实生产者延伸制度方面，我国应该借鉴韩国在新能源电池回收利用管理机制的经验，进一步明确生产者责任延伸制度的法律定义，合理划分生产者、销售者、消费者、回收者、处理者和政府等各相关方的责任；在创新监管手段方面，适时开展新能源电池回收利用效果评估，并考虑将评估效果纳入行业淘汰机制，提升监管效力。

⊖ CHOI Y，RHEE S W. Current status and perspectives on recycling of end-of-life battery of electric vehicle in Korea（Republic of）[J]. Waste Management，2020（106）：261‑270.

159

7.4 美国篇：健全电池回收法规体系，押金制度辅助回收

7.4.1 政策法规体系

美国针对退役新能源电池的回收法律体系涉及联邦、州和地方各级，三个层次的法律法规互相补充、互相规范，同时，设立多个电池回收利用普及机构，提升公众回收意识，使得美国的电池回收法规体系相对完善和全面。

（1）联邦政府层级，以许可证方式加强行业监管，同时加强退役电池回收规范管理

联邦政府层级，相继出台《资源保护和再生法》《清洁空气法》《清洁水法》，借助许可证监管电池生产企业和废旧电池回收企业。其中，《资源保护和再生法》规定废弃的镍镉电池、汞电池和铅酸蓄电池、锂电池、氧化银电池均属于危险废弃物。对铅酸蓄电池等有害废物"从出生到死亡"全寿命跟踪，包括货运文件；废物处理、储存与处置措施要有许可证；再生冶炼厂需要有许可证；不仅通过许可证控制操作，而且要清除以前的污染[⊖]。《清洁空气法》明确规定，铅是评价空气污染的 6 种标准污染物之一，并有一系列针对铅排放管理和控制的标准，包括国家环境空气质量标准、国家有害空气污染物排放标准、新污染源排放标准，所有标准都通过详细的许可证执行，通过这些许可证控制电池制造厂和再生铅冶炼厂。此外，《清洁水法》规定排放入水道或者公有水处理厂需要有许可证；许可证规定水排放中的污染物含量，并要求进行检测；电池的制造商和再生冶炼厂都需要废水排放的许可证。

另一方面，联邦政府通过《含汞和可充电电池管理法案》《普通废物管理办法》（the Universal Waste Rule，UWR）等法案及管理办法，加强对废旧电池生产、运输等环节的规范管理。1996 年，联邦政府颁布《含汞和可充电电池管理法案》，同年 5 月 13 日正式实施。在这部法律中，对废镉镍电池、废小型

⊖ 资料来源：美国废旧铅酸蓄电池回收管理经验借鉴，中国循环经济，http://www.cmra.cn/a/2012-04/2012/0626/229119.htm。

密封铅酸电池和其他废旧充电电池的标签、生产、收集、运输、储存等作出规定,目的在于便于有效降低再生利用和释放处置废镍镉电池、小型密封铅酸电池和其他需要控制的电池,电池生产商必须使用统一的规定标识,对运输、收集、储存等作出详细的规定,并鼓励志愿厂商投资废电池的再生利用和适当处置废电池,鼓励新型电池的研究、生产。

此外,美国环境保护署(U.S. Environmental Protection Agency,EPA)制定的《普通废物管理办法》[⊖]于 1999 年 7 月进行修订,主要针对二次电池生产、收集、运输、储存等过程提出相应的技术规范,对电池标识提出明确要求,禁止处理者(如承包商)直接处理废旧 Ni-Cd 和 Pb 电池,并进一步指出这些电池必须用于回收利用。

2017 年 12 月,美国总统特朗普签发美国第 13817 号行政命令,该命令确定"开发关键矿物回收和后处理技术"的必要性,作为"确保关键矿物的安全可靠供应"的更广泛战略的一部分。

2019 年 2 月,美国能源部(DOE)推出第一个锂离子电池回收中心(ReCell 中心),主要目的为推动退役电池闭环回收,推动废旧电池材料直接回收利用,通过消除采矿和加工步骤,最大限度地减少能源消耗和浪费。

2021 年 6 月 7 日,美国能源部(DOE)车辆技术办公室发布《国家锂电池蓝图(2021—2030)》(National Blueprint for Lithium Batteries,以下简称美国锂电蓝图)。美国锂电蓝图设定了五大目标,核心是建立美国锂电池材料、部件供应、自主生产、回收以及科研引领能力(表 7-15)。

表 7-15 美国锂电蓝图针对锂电池回收利用目标

阶段	目标及内容
近期目标 (2025 年)	促进电池组的设计,便于再使用和回收
	建立成功的收集、分类、运输和加工回收锂离子电池材料的方法,重点是降低成本
	提高钴、锂、镍和石墨等关键材料的回收率
	开发加工技术,将这些材料重新引入供应链

⊖ 资料来源:www.call2recycle.org。

（续）

阶段	目标及内容
近期目标 （2025年）	开发为二次使用的应用程序进行正确排序、测试和平衡的方法
	制定联邦回收政策，以促进锂离子电池的收集、再利用和回收
长期目标 （2030年）	创造实现消费电子产品、电动汽车和电网蓄电池90%回收率的激励措施
	制定联邦政策，要求在电池制造材料流中使用回收材料

资料来源：美国锂电蓝图。

美国锂电蓝图针对电池回收利用领域的目标是实现退役电池再利用和关键材料的大规模回收，并在美国建立完整的竞争价值链。美国锂电蓝图提到，锂离子电池的回收不仅减少了材料短缺造成的限制，增强了环境可持续性，而且支持一个更安全、更有弹性的国内供应链（图7-13）。

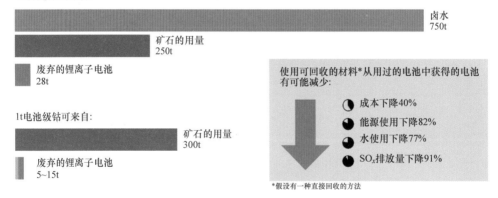

图7-13　美国锂电蓝图对退役电池再利用的研究成果

资料来源：数据来自阿贡国家实验室再生中心，2019年。

除了回收环节之外，新能源汽车退役电池还可以过渡到二次应用程序，包括电网存储。美国锂电蓝图指出，梯次利用电池需要更好的方法来分类、测试和平衡电池组。美国锂电蓝图提出中长期分阶段目标，到2025年，将建立成功的收集、分类、运输和加工回收锂离子电池材料的方法，重点是降低成本；到2030年，制定出实现消费电子产品、电动汽车和电网蓄电池90%回收率的激励措施。

（2）在各州层级，各州政府逐步落实生产者责任延伸 + 消费者押金制度

美国部分州政府相继出台关于回收废旧电池的地方法规。目前，几乎有一半的州颁布了强制回收汽车蓄电池的法规。大多数州主要采纳由美国国际电池协会（Battery Council International，BCI）提出的《电池产品管理法》，实施生产者责任延伸 + 消费者押金制度，鼓励消费者收集提交废旧电池[⊖]。

此外，美国加利福尼亚州政府于 2005 年颁布《可充电电池回收与再利用法案》，要求加利福尼亚州所有可充电电池的零售商须无偿回收消费者交送的废旧可充电电池，该法案涉及加利福尼亚州全部的可充电电池零售商。

纽约州政府颁布了《纽约州可充电电池法》，该法律规定汽车电池零售商每月有免费回收每人两个蓄电池的义务，而消费者购买汽车电池时，要多交 5 美元手续费，作为未来的电池回收费用。纽约州和加利福尼亚州的产品管理法案中覆盖了锂离子电池产品，要求制造商在不牺牲消费者和零售商利益的前提下，制定电池收集和回收计划。

美国佐治亚州于 2020 年 5 月 27 日公布关于"批准电池和电池废弃物管理技术法规"（决议）的第 324 号决议（表 7-16）。该技术法规主要包括：①电池和蓄电池范围；②运营者义务，如制造商（包括进口商）、分销商、回收商、加工商和消费者；③电池和蓄电池中汞、铅和镉的使用规定；④收集方案和收集目标的要求；⑤制造商注册要求等管理规范。该决议于 2020 年 9 月 1 日生效。

《电池产品管理法》对消费者、电池批发商、零售商的行为有如下规定：

1）消费者应将废旧铅酸蓄电池交给零售商、批发商或者再生铅冶炼企业，禁止自行处理废旧电池。零售商应把从消费者手中回收的电池交给批发商或者再生铅冶炼企业。

2）零售商在销售电池时，如果已使用的蓄电池由顾客提供，那么顾客要用基本相同的型号、不少于购买的新电池的数量来交换。

3）零售商在售出一个车型的可替代蓄电池时，顾客需交付至少 10 美元的

⊖ 李亚春. 储能电池回收利用国际比较 [J]. 现代经济信息，2019（15）：362-363.

押金，在退回已使用的相同型号的蓄电池时才将押金退回。如果顾客在购买之日起 30 天内没有退还已使用的汽车蓄电池，那么押金将归零售商所有。

4）蓄电池批发商在交易时，如果已使用的蓄电池由顾客提供，那么顾客要用基本相同的型号、不少于购买的新电池的数量来交换。与零售商交易时，零售商要在 90 天内将收集的蓄电池交给批发商。

5）政府会对零售商、批发商的行为是否符合上述规定进行检查，违反规定的将收到罚款等相应处罚。

在锂离子电池梯次利用领域，目前美国退役的锂离子电池通常被认为是危险废物或者普通废物，这两种废物都有各自的规定。各个司法管辖区的规定也不尽相同，不遵守规定可能会被处以罚款。在一些州，对违反危险废物法律或法规的处罚比联邦处罚更严格。例如，故意或过失违反加利福尼亚州危险废物法律或法规的某项规定，每次违规可被处以最高 7 万美元的罚款。2021 年 3 月，美国能源部国家可再生能源实验室（NREL）研究人员发布一份报告，详细介绍了锂离子电池创造循环经济的技术、市场和监管障碍。

表 7-16　电池和电池废弃物管理技术法规

条款编号 / 标题	要点
第 2 条：范围	该技术法规适用于所有类型的电池和蓄电池，无论其形状尺寸、重量、成分和用途，但用于以下用途的电池和蓄电池除外： 1）用于国家安全的军事装备、武器和产品 2）为发射到太空而设计的设备
第 4 条：禁止将电池和蓄电池投放市场	1. 汞和镉的要求：所有类型的电池和蓄电池中的汞含量 <5mg/kg（0.0005%） 2. 便携式电池和蓄电池（密封的电池、纽扣电池、电池组和蓄电池，可以手持，不是工业电池或蓄电池，也不是汽车电池或蓄电池）中的镉含量 ≤ 20mg/kg（0.002%），但下列用途除外： 1）应急和警报系统，包括应急照明系统 2）医疗设备 3. 第 4 条规定不适用于安装在已停用的车辆上的电池和蓄电池
第 17 条：标签	含有 5mg/kg 汞（Hg）、20mg/kg 镉（Cd）或 40mg/kg 铅（Pb）的电池、蓄电池和电池组必须标有相关的化学符号，置于"带叉的轮式垃圾桶"符号上，并占据该符号至少 1/4 的面积。"带叉的轮式垃圾桶"符号必须覆盖电池、蓄电池或电池组最大侧的至少 3%，但不超过 5cm^2。圆柱形电池的符号必须至少要覆盖电池或蓄电池表面积的 1.5%，但不超过 5cm^2 如果电池、蓄电池或电池组的尺寸小于 0.5cm^2，则必须在包装上打印至少 1cm^2

（3）在地方城市层级，加强环保宣传，严格落实监管

美国地方城市层级，主要严格落实联邦政府及州一级的法规，针对电池回收利用产业链的各环节，实施严格的监管机制，从消费者、电池零售商回收电池、废旧电池运输、处理、再加工到新产品出厂等均有明确规范要求，控制电池回收流向。此外，地方城市通过加强对环保理念的宣传，提高公众的环保意识，避免环境污染。

（4）电池回收利用普及机构众多，公众回收意识普遍较强

以美国国际电池协会（BCI）为例，作为电池回收第三方组织，该组织不仅统筹各州电池回收工作，并且具体细化到电池回收分类流程、规范等知识普及。BCI 在其官网发布大量文件资料用于指导个人、企业的电池回收，并且由于铅酸电池和锂电池的回收处理方式不同，BCI 的流程指导甚至包括指导回收电池过程中个人、企业对于铅酸电池和锂电池的区分。

此外，美国相继成立美国可充电电池回收公司（RBRC）、美国便携式可充电电池协会（PRBA）等非营利性公共服务组织，旨在促进镍铬电池、镍氢电池、锂离子电池以及小型密封铅电池等可充电电池的循环利用，制订回收计划和措施，推进新能源电池梯次利用。

7.4.2　产业发展概况

美国现阶段的电池回收业务主要是在国家项目的支持下，由国家实验室及部分资源回收企业主导开展。

（1）在国家项目支持下，国家实验室及部分资源回收企业主导开展电池回收工作

2019 年 2 月，美国能源部（DOE）宣布正式启动阿贡国家实验室电池回收研发中心建设，同时启动锂离子电池回收奖项目，以推动锂电池关键材料回收。其中，美国能源部斥资 1500 万美元在阿贡国家实验室设立电池回收研发中心，目的在于结合阿贡国家实验室、橡树岭国家实验室、国家再生能源实验

室及多家大学院所之力，合作开发具有成本效益优势的回收工艺，以尽可能多地从废旧锂离子电池中回收锂、钴等有价值材料。此外，美国能源部将为该锂离子电池回收奖项提供总计 550 万美元的奖励资金，旨在鼓励美国企业就废旧锂离子电池收集、储存、运输以至最终回收利用寻找创新解决方案。美国能源部旨在通过研发中心和回收奖两个项目，推动新技术开发，最终达到能从废旧电池中回收 90% 关键材料的目标，以减少美国在锂、钴等关键电池材料方面对外国的依赖。

在电池回收奖进展方面，2021 年 5 月，由易葳录（Everledger）、惠普（HP）、Fairphone 以及 Call2Recycle 所组成的锂电池回收激励联盟 Portables 团队，获得美国能源部锂电池回收奖的第二阶段资金，获奖项目为"便携式锂电池回收闭环方案"。该团队将利用 35.7 万美元资金合作开发一款名为 Reward to Recycle 的 App 原型。通过该 App，消费者可以了解如何回收他们手上的便携式消费类锂电池（智能手机、笔记本计算机、平板计算机等电子产品的电池），注册用户通过智能手机即可了解回收支持，通过电池护照功能可以追踪便携式电池的回收环节，完成回收工作后将会获得奖励。该项目将会通过新的激励模式吸引消费者参与，并在行业内发起企业社会责任倡议。

（2）电池回收利用研发及产业加快推进

Call2Recycle 是美国领先的家用电池回收和管理项目。目前，有包括零售商和市政府在内的数以千计的合作伙伴与 Call2Recycle 合作完成电池回收工作。截至 2019 年，Call2Recycle 在美国拥有 16000 多个公共回收站，回收 1.23 亿 lb（1lb=0.45359237kg）消费类电池（图 7-14）。

2021 年，美国资源公司宣布基于印第安纳州普渡大学获得的专利技术，包括一个从煤炭副产品、回收的永久磁铁和电动汽车或基于可再生能源的发电厂中使用的锂离子电池中分离纯稀土金属和关键元素的过程。该项技术为一种双区配体辅助置换色谱法（LAD），能够产生高产率和纯度超过 99% 的金属。

汽车企业积极推进电池回收利用工作。2018 年，福特汽车、本田北美公司、美国联邦快递、美国前进汽车零部件公司、汽车地带、江森自控等组成"负责电池联盟"（RBC），启动了一项 200 万块铅酸电池的回收计划，该项目鼓励消费者将使用过的汽车电池送到附近参与该项目的汽车零部件门店，进行正确的回收。

图 7-14　2019 年美国各州电池回收排行情况

资料来源：Call2Recycle 官网。

7.4.3　回收模式经验

（1）美国动力蓄电池回收流程体系

美国政府采取"押金制度"促使消费者积极上交废旧电池，同时又采取附加环境费的方式推动电池回收，即消费者购买电池时缴纳一定数额的手续费和电池生产企业出资一部分回收费，作为产品报废回收的资金支持；另外，废旧电池回收企业以协议价将提纯的原材料卖给电池生产企业，美国通过协议价格引导电池生产企业履行生产商的责任，并确保废旧电池回收企业获得利润。在回收渠道布局上，除了废旧电池回收公司直接进行废旧电池回收外，还有电池制造商借助销售渠道进行废旧电池回收；政府环保部门、工业部门等专门收集废旧电池中特定物质（如废旧铅酸电池中的废铅）的强制联盟进行废旧电池回收（图 7-15）。

（2）新能源电池回收模式

美国在铅酸电池领域保持较高的回收率，主要在于每一步回收环节具有严格的监管和激励措施，从消费者购买铅酸电池、电池零售商回收电池、废旧电池运输、处理、再加工到新产品出厂，多数州都做了严格规范，保证回收过程的良性循环，避免环境污染。

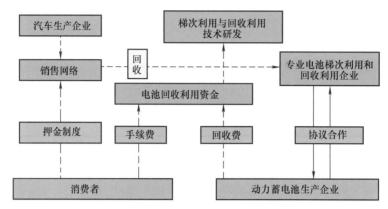

图 7-15　美国动力蓄电池回收体系

资料来源：美国动力蓄电池回收管理经验及启示。

在鼓励消费者参与回收环节，针对铅酸电池，美国多个州采取"以旧换新"的方式，鼓励消费者积极参与废旧电池的回收工作（表 7-17）。

表 7-17　美国铅酸电池回收领域针对消费者的约束措施

序号	州/城市名称	铅酸电池回收领域针对消费者的约束措施
1	康涅狄格	要求消费者购买铅酸电池时，需要用旧电池"以一换一"
2	俄勒冈	要求零售商每次至少向消费者收回一枚铅酸电池
3	明尼苏达	消费者每次最多只能交给零售商 5 枚废旧电池。如果消费者购买新电池时未"上交"旧电池，则需多缴纳一笔费用。允许零售商向购买电池的消费者收取 1 美元的费用
4	威斯康星	零售商每销售一枚铅酸电池，可向消费者收取 5 美元押金，待其回收时，向消费者退还 2 美元
5	佛罗里达	允许零售商向购买电池的消费者收取 1.5 美元或 1 美元的费用
6	哥伦比亚	如果消费者购买电池时未将废弃铅酸电池交给零售商，那么零售商可以向其收取至少 10 美元的回收费用
7	得克萨斯	电压为 12V 以下的铅酸电池缴纳 2 美元 12V 及以上的电池缴纳 3 美元 电容、重量及大小符合一定规定的小型铅酸电池，则无须缴纳回收费用

资料来源：根据网络资料整理。

在零售商监管环节，美国各州法律不同，未按规定处理废旧铅酸电池将受到不同程度的罚金甚至刑罚处罚。以犹他州为例，零售商不得随意丢弃消费者上交的废旧电池，必须交由电池批发商、生产商、专门回收机构或联邦和州政府批准的二级铅冶炼厂等机构处理。零售商和批发商一旦违反规定，随意丢弃铅酸电池，则将被判为 B 级犯罪。俄亥俄州要求铅酸电池零售商在销售点明显位置张贴相关标志，如零售商未按要求张贴该标志，州法庭可以对其处以每次 25 美元的罚款。此外，加利福尼亚州有毒物质控制局（Department of Toxic Substances Control，DTSC）将车主、汽车修理厂、零部件厂商及加油站列为废旧铅酸电池源头。居民必须将废旧铅酸电池交给零售商或专门的回收站处理。如其已经或试图将废旧铅酸电池丢弃在土壤、河流、大海、街道、公共场所，甚至垃圾场，均属违法行为，州政府可以对当事人提起上诉，并向其处以不超过 25000 美元的罚金。

从行业内企业发展来看，Retriev Technology、Inmetco、OnTo Technology 是美国开展锂离子电池回收业务的几家代表性公司。Retriev Technology 在俄亥俄州建设锂离子电池回收工厂，其采用的回收工艺是机械和湿法冶金工艺，以此来回收锂离子电池中有价值的金属，如铜、铝、铁、钴、镍等；Inmetco 采用热还原法回收锂离子电池，正在推行"预付款电池回收计划"；OnTo Technology 公司发明 Eco-Bat 工艺（图 7-16），该工艺无需高温且所耗能量极低，主要采用 CO_2 超临界流体恢复锂离子电池的容量，将电池放在干燥、适当的压力和温度的环境下，电池中的电解液被液态的 CO_2 溶解并转移到回收的容器内，然后改变温度和压力使 CO_2 气化通过电解液析出，电解液被循环的超临界 CO_2 携带出来，注入新的电解液后用环氧树脂封口，使电池恢复充放电能力。

综上，美国针对铅酸电池领域建立了完善的电池回收法律法规。在回收环节，采取生产者责任延伸制度约束电池生产厂商、采取押金制度约束消费者，保证各个环节的电池回收效率。在电池回收知识普及领域，美国也相继出台多项法律，如《普通废物垃圾管理办法》提出要加大宣传教育力度，使民众了解废旧电池的环境危害性。在车用动力蓄电池及锂电池梯次利用领域，美国法律规范和回收体系尚在建设中，现阶段关于锂电池的回收业务主要是在国家项目的支持下，由国家实验室及部分资源回收企业主导开展。

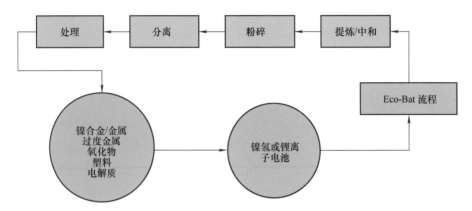

图 7-16 OnTo Technology 公司回收锂离子电池工艺流程

资料来源：第一电动网。

　　动力蓄电池回收是一个复杂、相互制约的产业，其发展需要汇聚多方合力，形成良性互动循环，才能推动产业的快速发展。对此，构建国内动力蓄电池回收体系，建议可从四方面进行：第一，押金和奖励并行制度，一方面培育消费者动力蓄电池回收的意识，另一方面提高企业和消费者的积极性。第二，布局回收网点建设，汽车生产企业、电池生产企业、回收拆解企业、综合利用企业，以多种形式合作共建、共用废电池回收网点。第三，无害化处理成本转移，以征收附加环境费的方式，将回收成本转移给汽车生产企业、电池生产企业、消费者。第四，生产商应基于资源回收面向产品设计，电池生产企业应在产品设计时，考虑回收利用的便捷性、环保性。

附 录

附录 A 2020 年 1 月—2021 年 4 月我国新能源汽车产业政策汇总

序号	发布时间	政策文号	发文部门	政策名称
1	2020 年 1 月 22 日	财建〔2020〕10 号	财政部	关于修改《节能减排补助资金管理暂行办法》的通知
2	2020 年 2 月 24 日	工信部政法〔2020〕29 号	工业和信息化部	关于有序推动工业通信业企业复工复产的指导意见
3	2020 年 2 月 28 日	发改就业〔2020〕293 号	国家发展改革委、中央宣传部、教育部、工业和信息化部等 23 部门	关于促进消费扩容提质加快形成强大国内市场的实施意见
4	2020 年 3 月 20 日	商办服贸函〔2020〕103 号	商务部办公厅、国家发展改革委办公厅、国家卫生健康委办公厅	关于支持商贸流通企业复工营业的通知
5	2020 年 4 月 16 日	财政部公告 2020 年第 21 号	财政部、税务总局、工业和信息化部	关于新能源汽车免征车辆购置税有关政策的公告

（续）

序号	发布时间	政策文号	发文部门	政策名称
6	2020 年 4 月 22 日	—	商务部	关于统筹推进商务系统消费促进重点工作的指导意见
7	2020 年 4 月 23 日	财建〔2020〕86 号	财政部、工业和信息化部、科技部、国家发展改革委	关于完善新能源汽车推广应用财政补贴政策的通知
8	2020 年 4 月 28 日	发改产业〔2020〕684 号	国家发展改革委、科技部、工业和信息化部、公安部、财政部、生态环境部、交通运输部、商务部、人民银行、税务总局、银保监会	关于稳定和扩大汽车消费若干措施的通知
9	2020 年 6 月 5 日	—	国家能源局	关于印发《2020 年能源工作指导意见》的通知
10	2020 年 6 月 8 日	交办规划〔2020〕26 号	交通运输部	关于做好交通运输促进消费扩容提质有关工作的通知
11	2020 年 6 月 8 日	装备中心〔2020〕225 号	工业和信息化部装备工业发展中心	关于开展新能源汽车安全隐患排查工作的通知
12	2020 年 6 月 15 日	中华人民共和国工业和信息化部 财政部 商务部 海关总署 国家市场监督管理总局令第 53 号	工业和信息化部、财政部、商务部、海关总署、市场监管总局	关于修改《乘用车企业平均燃料消耗量与新能源汽车积分并行管理办法》的决定
13	2020 年 6 月 30 日	中华人民共和国工业和信息化部 商务部 海关总署 市场监管总局公告 2020 年第 31 号	工业和信息化部、商务部、海关总署、市场监管总局	2019 年度中国乘用车企业平均燃料消耗量与新能源汽车积分情况公告
14	2020 年 7 月 23 日	—	交通运输部、国家发展改革委	关于印发《绿色出行创建行动方案》的通知
15	2020 年 7 月 24 日	中华人民共和国工业和信息化部令第 54 号	工业和信息化部	关于修改《新能源汽车生产企业及产品准入管理规定》的决定

（续）

序号	发布时间	政策文号	发文部门	政策名称
16	2020 年 8 月 18 日	建科规〔2020〕7 号	住房和城乡建设部、教育部、工业和信息化部、公安部、商务部、文化和旅游部、卫生健康委、税务总局、市场监管总局、体育总局、能源局、邮政局、中国残联	关于开展城市居住社区建设补短板行动的意见
17	2020 年 9 月 1 日	—	工业和信息化部	发布新能源汽车下乡活动第二批汽车企业及车型名单
18	2020 年 9 月 16 日	财建〔2020〕394 号	财政部、工业和信息化部、科技部、国家发展改革委、国家能源局	关于开展燃料电池汽车示范应用的通知
19	2020 年 10 月 20 日	国办发〔2020〕39 号	国务院办公厅	关于印发《新能源汽车产业发展规划（2021—2035 年）》的通知
20	2020 年 12 月 31 日	财建〔2020〕593 号	财政部、工业和信息化部、科技部、国家发展改革委	关于进一步完善新能源汽车推广应用财政补贴政策的通知
21	2021 年 1 月 5 日	—	商务部等 12 部门	关于提振大宗消费重点消费促进释放农村消费潜力若干措施的通知
22	2021 年 2 月 7 日	工信部通装函〔2021〕31 号	工业和信息化部	关于 2020 年度乘用车企业平均燃料消耗量和新能源汽车积分管理有关事项的通知
23	2021 年 2 月 7 日	—	商务部	《商务领域促进汽车消费工作指引》和《地方促进汽车消费经验做法》
24	2021 年 2 月 22 日	国发〔2021〕4 号	国务院	关于加快建立健全绿色低碳循环发展经济体系的指导意见
25	2021 年 3 月 5 日	—	国务院	2021 年国务院政府工作报告

（续）

序号	发布时间	政策文号	发文部门	政策名称
26	2021 年 3 月 22 日	发改就业〔2021〕396 号	国家发展改革委、中央网信办、教育部、工业和信息化部、财政部、人力资源社会保障部、自然资源部、住房城乡建设部等	关于印发《加快培育新型消费实施方案》的通知
27	2021 年 3 月 26 日	工信厅联通装函〔2021〕57 号	工业和信息化部、农业部、商务部、国家能源局综合司	关于开展 2021 年新能源汽车下乡活动的通知
28	2021 年 4 月 9 日	装备中心〔2021〕197 号	工业和信息化部装备工业发展中心	关于实施四项新能源汽车国家标准的通知

附录 B 2018 年 1 月—2021 年 4 月我国新能源电池回收利用政策发布情况

序号	发布时间	政策文号	发文部门	政策名称
1	2018 年 2 月 26 日	工信部联节〔2018〕43 号	工业和信息化部、科技部、环境保护部、交通运输部、商务部、质检总局、能源局	关于印发《新能源汽车动力蓄电池回收利用管理暂行办法》的通知
2	2018 年 2 月 22 日	工信部联节函〔2018〕68 号	工业和信息化部、科技部、环境保护部、交通运输部、商务部、质检总局、能源局	关于组织开展新能源汽车动力蓄电池回收利用试点工作的通知
3	2018 年 7 月 2 日	中华人民共和国工业和信息化部公告 2018 年第 35 号	工业和信息化部	新能源汽车动力蓄电池回收利用溯源管理暂行规定
4	2018 年 7 月 23 日	工信部联节〔2018〕134 号	工业和信息化部、科技部、生态环境部、交通运输部、商务部、市场监管总局、能源局	关于做好新能源汽车动力蓄电池回收利用试点工作的通知

（续）

序号	发布时间	政策文号	发文部门	政策名称
5	2018 年 9 月 3 日	中华人民共和国工业和信息化部公告 2018 年第 40 号	工业和信息化部	符合《新能源汽车废旧动力蓄电池综合利用行业规范条件》企业名单（第一批）
6	2019 年 11 月 7 日	中华人民共和国工业和信息化部公告 2019 年 第 46 号	工业和信息化部	《新能源汽车动力蓄电池回收服务网点建设和运营指南》
7	2020 年 1 月 2 日	中华人民共和国工业和信息化部公告 2019 年第 59 号	工业和信息化部	《新能源汽车废旧动力蓄电池综合利用行业规范条件（2019 年本）》和《新能源汽车废旧动力蓄电池综合利用行业规范公告管理暂行办法（2019 年本）》
8	2020 年 3 月 11 日	发改环资〔2020〕379 号	国家发展改革委、司法部	《关于加快建立绿色生产和消费法规政策体系的意见》的通知
9	2020 年 3 月 23 日	—	工业和信息化部	2020 年工业节能与综合利用工作要点
10	2020 年 7 月 15 日	工信部节〔2020〕105 号	工业和信息化部	关于印发《京津冀及周边地区工业资源综合利用产业协同转型提升计划（2020—2022 年）》的通知
11	2020 年 7 月 31 日	中华人民共和国商务部令 2020 年第 2 号	商务部、国家发展改革委、工业和信息化部、公安部、生态环境部、交通运输部、市场监管总局	《报废机动车回收管理办法实施细则》
12	2020 年 8 月 19 日	—	工业和信息化部	《新能源汽车生产企业及产品准入管理规定》
13	2020 年 10 月 10 日	—	工业和信息化部	《新能源汽车动力蓄电池梯次利用管理办法（征求意见稿）》
14	2021 年 1 月 20 日	中华人民共和国工业和信息化部公告 2021 年第 3 号	工业和信息化部	符合《新能源汽车废旧动力蓄电池综合利用行业规范条件》企业名单（第二批）
15	2021 年 4 月 7 日	—	工业和信息化部	工业和信息化部 2021 年规章制定工作计划

附录 C　各试点地区新能源电池回收利用相关政策发布情况

序号	试点地区	发布时间	政策文号	发文部门	政策名称
1	广东省	2020 年 5 月 12 日	粤工信节能函〔2020〕471 号	广东省工业和信息化局	关于 2021 年度打好污染防治攻坚战专项资金（绿色循环发展与节能降耗）项目入库储备工作的通知
2		2020 年 7 月 9 日	粤工信节能函〔2020〕678 号	广东省工业和信息化厅	关于公布新能源汽车动力蓄电池回收利用典型模式的通知
3		2020 年 9 月 15 日	穗府办规〔2020〕25 号	广州市人民政府办公厅	关于促进汽车产业加快发展的意见
4		2020 年 10 月 9 日	粤发改能源〔2020〕340 号	广东省发展和改革委员会、广东省能源局、广东省科学技术厅、广东省工业和信息化厅、广东省自然资源厅、广东省生态环境厅	关于印发广东省培育新能源战略性新兴产业集群行动计划（2021—2025 年）的通知
5	河南省	2018 年 1 月 26 日	豫工信办节〔2018〕26 号	河南省工业和信息化厅	关于对新能源汽车及动力蓄电池生产回收利用情况进行摸底调查的通知
6	京津冀	2018 年 12 月 18 日	—	北京市工业和信息化局、天津市工业和信息化局、河北省工业和信息化厅	《京津冀地区新能源汽车动力蓄电池回收利用试点实施方案》
7	浙江省	2018 年 12 月	—	浙江省经济和信息化厅	浙江省新能源汽车动力电池回收利用试点实施方案
8	宁波市	2019 年 4 月 17 日	甬经信节能〔2019〕51 号	宁波市经信委	关于印发《宁波市新能源汽车动力蓄电池回收利用试点实施方案》的通知

（续）

序号	试点地区	发布时间	政策文号	发文部门	政策名称
9	江西省	2019 年 12 月 30 日	赣工信新光字〔2019〕548 号	江西省工业和信息化厅	关于印发江西省新能源产业高质量跨越式发展行动方案的通知
10		2020 年 5 月 7 日	赣工信节能字〔2020〕134 号	江西省省工信厅、省科技厅、省生态环境厅、省交通厅、省商务厅、省市场监督管理局、省能源局	2020 年江西省新能源汽车动力蓄电池回收利用试点工作要点的通知
11	四川省	2019 年 3 月 18 日	—	四川省经济和信息化厅、四川省科学技术厅、四川省公安厅、四川省生态环境厅、四川省交通运输厅、四川省商务厅、四川省应急管厅、四川省市场监督管理局、四川省能源局	关于印发《四川省新能源汽车动力蓄电池回收利用试点工作方案》的通知
12	贵州省	2019 年 12 月 30 日	黔能源新能〔2019〕224 号	贵州省能源局	关于印发《贵州省可再生能源电力消纳实施方案》的通知
13	湖南省	2019 年 4 月 2 日	—	湖南省工业和信息化厅、湖南省科技厅、湖南省生态环境厅、湖南省交通运输厅、湖南省商务厅、湖南省市场监管局、湖南省能源局	关于印发《湖南省新能源汽车动力蓄电池回收利用试点实施方案》的通知
14		2019 年 11 月 27 日	—	湖南省工业和信息化厅	关于印发《湖南省新能源汽车动力蓄电池回收利用系统集成攻关实施方案》的通知
15	厦门市	2019 年 5 月 27 日	厦工信环资函〔2019〕43 号	厦门市工业和信息化局	关于征集新能源汽车动力蓄电池回收利用试点单位的通知

（续）

序号	试点地区	发布时间	政策文号	发文部门	政策名称
16	福建省	2020 年 7 月 8 日	闽工信法规〔2020〕99 号	福建省工业和信息化厅	关于印发《进一步加快新能源汽车推广应用和产业高质量发展推动"电动福建"建设三年行动计划（2020—2022 年）》的通知
17	江苏省	2019 年 12 月 5 日	—	国家能源局江苏监管办公室	关于进一步促进新能源并网消纳有关意见的通知
18	山西省	2020 年 4 月 2 日	晋工信节能字〔2020〕53 号	山西省工业和信息化厅	关于印发山西省节能与资源综合利用 2020 年行动计划的通知